大是文化

先做這件事馬上交出成果

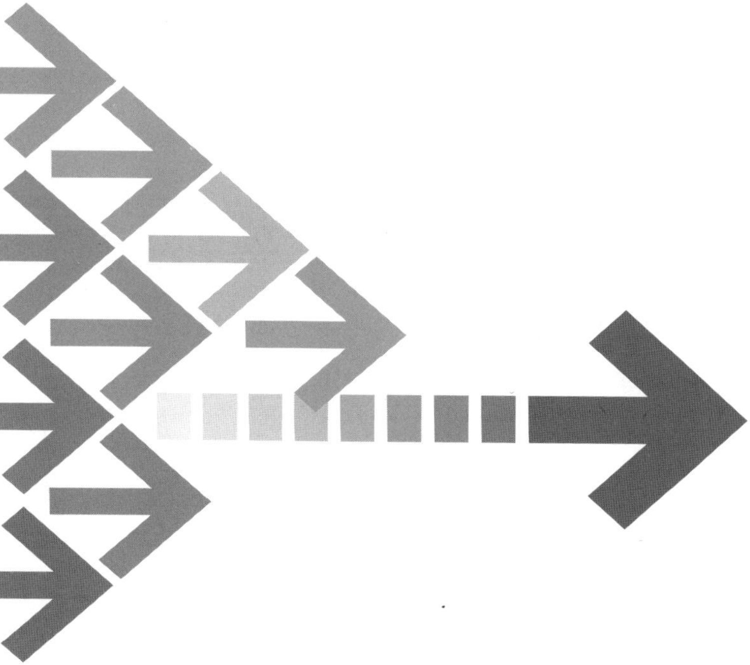

別再誤信時間管理的輕重緩急矩陣，
只用一個數字，不再苦思這事重不重要、
緊不緊急，都能馬上搞定。

仕事が速い人は、「これ」しかやらない　ラクして速く成果を出す「7つの原則」

著作累計銷售突破 30 萬本
身兼建設公司員工、稅務士、大學講師、時間管理顧問
石川和男／著　方嘉鈴／譯

CONTENTS

第2章

職場專用番茄工作法，大幅提升效率！ 053

第5章

沒做過的事，怎麼馬上交出成果？ 149

第 6 章

我是身兼多職的時間管理大師

推薦序一

把大事切分，你也能馬上交出成果

時間管理講師／張永錫

本書作者經歷相當特別，身兼五職，還能完成工作、馬上交出成果。我想，現代人應該很期望自己也能如此，賺取更多金錢，達成夢想人生吧？這樣的人生，必定會讓自己精益求精，成為時間管理的王者。本書實戰經驗非常豐富，我先提出書中的「魔術數字」及「碎冰錐」兩個概念和同好分享。

首先，作者覺得傳統優先次序的四象限，會讓大家更沒效率、先處理大量不緊急且不重要的事。但是能馬上交出成果的人，會思考哪些事該親手做、哪些該找人幫。或者，找出你不用也沒有人去用的勞動時間；計算自己的時間價值（時薪），如果划不來，就去買別人的時間；重視體驗和自己的情緒，例如作者會搭乘高鐵商務艙，讓自己更專注於工作。計算自己的時薪，成為作者評斷這件事情應該自己做，還是授權他人，兩者的最終目的，都是為了馬上交出成果。

第二個我很喜歡的概念是碎冰錐。作者提到應該把大任務（冰塊）切小，冰塊的表面積增加，自然融化得更快，這我想起幼時在老家彰化員林的回憶。那時家裡旁邊有個製冰廠，製冰廠旁有間刨冰店，我為了吃冰，常常經過製冰廠，我也會在一旁看著切小的冰磚，在刨冰機中旋轉，刨出一碗碗的冰。

當我看到作者建議用碎冰錐，把麻煩或困難的工作先敲成小碎片，心中大有同感，啊，你講出我心中深藏的話啦。面對困難的事，就是要由大化小，把大任務切分成不同的小任務，如同製冰廠會把重達二十公斤的大冰塊，用電鋸切小成十五公分見方，再賣給刨冰店。面對麻煩的事情，除了細分工作項目外，還要把可以委任的事情，分配給身邊沒事的同事們處理，作者將這個方法命名為「碎冰錐工作術」。

本書有許多實踐經驗，在此僅以魔術數字及碎冰錐和大家分享，也祝福大家成為職場上馬上交出成果的人。

推薦序二

想要準時下班，還能完成績效，就看這本書

企業講師、《高績效主管帶人術》作者／張力仁

我之前在其他企業擔任主管的期間，經常和我的部門同仁說：「只要能在上班時間完成今天的工作任務，就可以準時下班做你想做的事！」說也神奇，除非是準備重大專案，通常我部門的同仁都能準時熄燈離開，我也就可以準時下班，回家與家人共享美好的晚餐時光。

本書作者石川和男採用了類似《與成功有約》的概念，鋪陳了整本書的結構。首先，他開宗名義的點出，為什麼有些人即便工作再多，也能準時完成。訣竅就在處理工作的方法與心態：什麼事都需要做嗎？有誰可以幫忙？要去想怎麼做最有效率，而不是一開始就悶著頭做，這就是《與成功有約》中，「主動積極」告訴我們的事。

其次運用「以終為始」的心態，搭配番茄工作法逐一完成，並且聚焦「要事第一」，讓眼前只有今日要完成的目標。並且建議主管透過「知己解彼」的方式，針對不同部屬，下達不同指令，以此完成任務。

接著說明，透過每個人為部門多做一點的「共好思維」，只要舉手之勞、促進團體達成績效，對於個人績效也有直接助益。當團隊遇到從來沒做過的事情，透過每個人貢獻一點自己智慧的「綜合功效」，就有可能迸發出絕佳的火花與創意。最後，所謂「身兼多職的時間管理大師」，指的不是一次做很多事，而是不斷學習與採用新的方式，來精進自己如何更有效率工作。這正符合第七個習慣「不斷更新」。

如今我是職場自由工作者，每個月、每個季度都有不同的專案要執行，按照「設目標、列工作、排順序、定時間、交辦人、追成效」的流程，將所有工作先行分類、整理，並且按照優先順序排列，再依循設定的進度，專注完成每一項工作，而這個流程與作者在本書所要表達的意念非常相似。

然而，我們也要反思的是，為什麼要有效率的完成工作？除了達到上級交辦的績效之外，自己的成就感，以及想要準時下班的心情，才是最重要的吧！如果你也認同，那麼非常推薦職場工作者，好好從這本寶典裡面學習其精髓，相信一定會獲得非常大的助益！

推薦序三

成為高品質工作者，從懂得如何分配精力開始

個人品牌行銷講師／亨利溫

身為一名斜槓工作者，白天的時候，我肩負任職企業的品牌經營責任；下班後，我必須轉換身分，接續經營我的個人品牌「亨利溫」，包含撰寫社群貼文、規畫主題講座，以及處理各式繁瑣的行政庶務。

在要同時負荷兩邊工作的狀況下，如何妥善管理時間、有效處理事情、放鬆充電、陪伴家人，對我而言是最重要的課題。我相信，翻開本書的你，一定也對這個課題很有興趣。

然而，在往下繼續閱讀之前，我想和你分享一個，我在斜槓將近四年的時間中所

體悟到的事——與其說要管理時間，我們更該管理的，其實是我們的精力。

每個人一天的精力都有限。通常早晨精力最豐沛；過完忙碌的一天後，精力則幾乎被消耗殆盡。精力旺盛時，做事特別有效率，品質也相對較好；精力不足時，做事不僅快不起來，還容易恍神、無法專注，導致品質不佳。因此，想要成為一個做事高效、高品質的斜槓工作者，就必須聰明的分配與使用我們的精力：把最珍貴的精力，留給最重要的事情，微不足道的小事，就分派給其他的小夥伴，請他們代為處理。

具體該怎麼做呢？別擔心，在《先做這件事，馬上交出成果》這本書中，作者舉出了非常多的實際案例，教你如何把這樣的觀念，套用在我們的生活、工作上。你會發現，當你運用書中的方法後，雖然一天擁有的時間依舊是二十四小時，但你的工作產值變高了！因為你改變了你分配精力、使用精力的方式，讓你不再容易因為別人的打擾、瑣事，影響做事效率，還能更加遊刃有餘的處理比過往更多、更複雜的事。

已經迫不及待了嗎？最後，再給你一個小建議，閱讀本書的時候，每學到一個新技巧或是新觀點，就把它套用進你以前的生活與工作情境，思考看看會有什麼樣的變化，這種「邊輸入邊輸出」的閱讀方式，可以讓你對書中內容更有印象。

前言

我身兼五職，照樣準時完成任務

本書開始之前，想先問大家一個問題：高效率與低效率者，決定性的差異是什麼？是能力、頭腦靈活、人脈廣、還是豐富的知識與經驗？

當然，如果能擁有以上優勢，絕對能加速完成，但這不是關鍵，而是：**有能力分辨什麼工作要全力以赴，並且用最快速度完成**；什麼又是可交辦，**要懂得怎麼樣將任務交託給別人**。

我們每天都會經手許多瑣碎繁雜的工作，為了有效分配時間與精力，必須優先找出重點任務，並以最快的速度來完成它。而有限的心力要放在重要的地方，**如果不是非得親手完成的任務，要盡可能的分派給其他人（或使用更有效率的方法）。學會分配與交付工作，就是馬上交出成果的人必備的技能。**

以上就是影響工作效率的關鍵因素。

有些人可能會覺得：「這不是大家都知道的事嗎？」但知道跟能做到是兩回事，很多人就算知道，還是會搞錯投注心力的方向，每天被繁瑣、無效率的不重要工作所糾纏。

例如，我們常常聽到，從優先順序最高的工作開始做；把待辦事項寫在便利貼上，並貼在桌面；如果同事或部屬有付出努力，就要先給予稱讚，以上這些建議，通通都有問題！

從晚上十一點才下班到零加班

先向大家正式自我介紹，我是石川和男。目前同時身兼五份工作，包括任職於建設公司的總務會計部門、大學的兼任講師、研討會講師、時間管理顧問，以及稅務士。

其中建設公司的工作時間為，每週一至週五的早上八點半到下午五點，至於其他四種工作，都是利用平日晚上或週末來進行。

聽到這樣的時間安排，大家很可能會以為我的生活只有工作，但其實不是。私底下，我也會和朋友相聚喝個兩杯、和家人一起去KTV歡唱、假日時去看看感興趣的電影等，過著充實又快樂的人生。

不過，以前我確實認為每天加班到半夜很正常。

那是在我剛踏入社會時，日本正處於泡沫經濟階段，乘著最後一波景氣的浪潮，我順利在某間建設公司找到一份不錯的工作，到職後被分配到會計部，但因為我本身不具備半點會計與記帳相關知識，因此經常被主管或前輩大罵，每天光是處理手邊的業務，就已經忙到不可開交。即使一路撐到三十歲，工作效率還是一樣糟糕，幾乎每天都得加班。

久而久之，在公司工作到晚上十一點，對我來說是很理所當然的事，有時還會覺得十一點下班就是準時下班；甚至也曾發生過，工作到凌晨一點準備回家時，我一邊看著時鐘，一邊喃喃自語：「今天加班了兩個小時……。」幾乎把晚上十一點當成是正常的下班時間。

為了紓解沒日沒夜工作的沉重壓力，我經常大吃大喝，體重也一天天增加。直到有一天，我突然看到鏡子中那個肥胖的自己，當下呆了幾秒：「這個人，真的是我嗎？」這一瞬間，我腦中閃過各種想法：「每天沒日沒夜的加班，這樣好嗎？」、「繼續過著沒時間與家人、朋友相處的生活，可以嗎？」、「一直沒有時間做自己喜歡的事情，直到人生的盡頭，是我想要的嗎？」

在那一刻我下定決心：「不能再這樣下去了！」在那之後，我以每年閱讀一百本書的速度，大量翻閱與時間管理，或提升工作效率相關的書籍；每個月定期參加一次商管類小組聚會，記下自認為不錯的內容或方法，並親身實踐，內化成自己的工作習慣。等我回過神時，我已經達成零加班的工作目標，甚至成為高效率工作術專家。

找回人生主導權的我，發現高效率工作術的重點，其實就只是**知道怎麼分辨哪些工作是重要的，並且把心力放在上面**而已。

我舉一個簡單易懂的例子來說明吧！

假設我們被委派一項工作，內容是抄寫一份A4大小、約一千字的文件。儘管我們完全可以直接拿起紙筆，花個十五分鐘，一筆一畫認真抄寫，頂多就是手痠了一點，一樣可以順利完成任務，也能感受到做完一件事的喜悅。

被交付工作時，先多問一句

但換個角度來看，當我們被交付工作時，如果能多問一句：「可以直接影印嗎？」如此一來，一樣的工作、一樣的產出，用影印機處理，不用六秒就能完成，而且複印不只速度快，正確率還更高，能有效避免錯漏字！這就是所謂的，知道怎麼分辨哪些工作是重要的，並把心力放在重要工作上的能力。

可能有人會說：「又不是在抄寫經書，現在根本不可能會發生這種事。」但實際上，日本至今仍有很多公司會要求求職者提供手寫履歷表。同樣的，在你身處的職場中，應該也會有些工作內容，常常讓人困惑：「這件事為什麼要這樣做？」明明發個電子郵件就能解決，偏偏要用實體郵寄或親自登門等方式提交；口頭溝通就能處理，卻鄭重其事的寫了一封電子郵件；一件開口詢問就能解決的事，卻一個人埋頭苦幹、忙了半天等。

看到這裡，大家應該都心有戚戚焉吧？如果你也對此很苦惱，務必親身實踐本書所介紹的，「心力應該放在哪些重要的項目上」，以及各種增進工作效率等技巧。當你親自嘗試過以後，不妨從中選擇適用的部分，並將其落實在日常工作中，內化成自己的工作習慣。

本書所介紹的工作方式與提升效率的方法，都經過我親身實驗與實踐。如果能為大家接下來的工作與人生，帶來一點幫助或正向的改變，那就是我最大的榮幸。

第　一　章

你也常在死線邊緣掙扎嗎？

01 有一種人，工作再多也能準時完成

馬上交出成果者的第一個原則，就是面對所有任務，先設定出完成期限。藉由這個方式，就能感受到在截止日期的壓力下，所帶來的驚人行動。

在前言時，我曾再三強調，心力應該放在重要項目上，然而想要精準掌握重點工作並有效完成，就必須具備以下三種核心能力：

1. 以最快的速度，完成自己應該要全力以赴的工作。
2. 把工作分派或交付給其他人（或用更有效率的方法）處理。
3. 區分出哪些工作該全力以赴，哪些不是。

本章將以這三種核心能力，整理出馬上交出成果者的七大原則。首先，就先從「以最快的速度，完成自己應該要全力以赴的工作」開始吧！

預先設定完成期限，激發行動力

第一個原則就是，面對所有任務，先設定出完成期限。

無論是誰，應該都曾經歷過以下狀況吧？「再三十分鐘就要開會了，但會議資料還沒完成……」、「一個小時後要提交給客戶的提案資料，到現在都還沒搞定……」。請大家回想一下，面對這些死線將至的情況時，你的工作效率如何？是不是被激發出超乎尋常的速度？沒錯，**設定完成期限**，就是**激發行動效率最快且最有效的方法**。

以前，有朋友問過我一個類似機智問答的問題：「**什麼樣的人，能做到無論工作再多，也絕不需要加班？**」是能掌握工作訣竅的人，還是頭腦十分聰明的人？不，都不是！**正確答案是，將孩子放在托兒所的上班族媽媽們！**

聽到這個答案時，我立刻想起我的孩子上托兒所的那段期間。當時每週約有一半的時間，是我負責接孩子回家。無論當天工作多忙，只要時間一到，我都得準時去托兒所接小孩，所以我使出渾身解數，只為了能讓自己在期限內完成工作，準時下班、離開公司。

由此可知，想提升工作效率，就先養成**設定完成期限**的習慣吧！

有了期限，工作才會有進展

「工作會填滿它可以用的完成時間。」這就是所謂的「帕金森定律」，是在一九五八年時，由英國的歷史與政治學家西里爾・諾斯古德・帕金森（Cyril Northcote Parkinson）所提出。

舉例來說，當我們把會議時間設定為一個小時，就算所有議題只要三十分鐘就能得出結論，大家還是會在會議中夾雜一些閒聊，直到花完整個時間才結束會議；又或是，因為主管每天晚上都加班到八點才走，部屬們為了不比主管早下班，原本能在下班前準時完成的工作，最後也會拖拖拉拉的做到八點。

這些例子就是帕金森定律的實際狀況：「**有多少時間能做，人們就會用多少時間來完成**」。但反過來說，只要給出截止期限，人們就會配合規定時間來達成，所以我們可以反向利用這個特性。

以我來說，我會使用手機的計時震動功能，來為每一項工作設定期限，而我會特別選用淘汰的舊手機來計時，以免自己會不自覺看個 LINE 或滑社群網站等。

但老實說，在用舊手機設定工作預計完成的時間後，我很少聽到手機的震動聲，因為我總是在震動之前完成工作。這就是為工作設定完成期限的強大威力！

POINT

只要將所有工作，都先設定完成期限，就能在時間內做完。

02 五秒法則與勞動興奮理論

有科學根據指出，人們只要一旦開始，就不會輕易停止。

有時候明明知道「不做不行！」但身體就是無法動起來……這時，第二個原則「五秒法則」，就能派上用場。

遲疑超過五秒，大腦就會幫你找藉口

你有過以下類似的經驗嗎？

明明鬧鐘已經響了，卻還裹在棉被裡想著：「好冷喔、好想睡喔，真不想起床。今天有個會議，但資料只做了一半，到時候萬一又被主管指責，真的好煩啊……。」於是越掙扎就越不想起床；又或是坐在擠滿乘客的電車裡，看到眼前站了一位高齡長輩，正遲疑要不要讓出座位時，卻想到：「萬一起身讓座，對方卻說：『不用，我年紀沒這麼大』，讓場面變得很尷尬，那該怎麼辦……。」於是想著想著，也就不行動了。

這種越想越不敢做的情境，其實都有跡可循，這就是美國電視節目主持人梅爾・羅賓斯（Mel Robbins）所提出的五秒法則：當我們想做某件事時，只要遲疑超過五秒鐘，大腦就會開始尋找「不做也沒關係」的理由。只要短短的五秒鐘，就會決定我們是否願意付諸行動。以剛剛舉的兩個例子來說明，只要我們在五秒內做出反應，就能順利起床；只要我們在五秒內有所行動，讓座一點也不困難。

掌握五秒法則，就能將想法轉化成實際行動，但實際要怎麼應用呢？只要在心中默默倒數「三、二、一、GO！」就好。

在面對看似麻煩或困難的工作也一樣，善用「三、二、一、GO！」讓自己先跨出第一步。要回覆一封很麻煩的郵件時，一樣倒數三二一，逼自己讀完信件，馬上回覆。只要不給大腦尋找藉口的時間，所有工作都立刻付諸行動，工作效率自然就會產生巨大變化。

先開始做一次，就能繼續做很多次

再介紹一個讓你馬上動起來的心理暗示。

這是由心理學者克雷佩林（Emil Kraepelin）所提出的「勞動興奮」理論。簡單說，就是一旦開始動作，我們的大腦就會被刺激，讓我們越來越興奮，越來越有動力持續下去。例如，當我們定下每天要跳一百下跳繩的目標後，剛開始幾天都能順利完成，但之後就會冒出各種藉口，例如今天太冷了、手腕好像怪怪的，找一堆理由偷懶，然後陷入三分鐘熱度。

要如何避免三分鐘熱度？答案很簡單，就是哪怕只是跳一下，也要逼自己開始！當我們腦海浮出「今天想要偷懶」的念頭時，千萬不要告訴自己「明天再繼續就好」，而是要對自己說「今天只要跳一下就好」，就算用爬的也要爬過去跳一下。

如果能開始這第一下，就能觸發後續的心理暗示：既然都特地跳一下了，那就再跳個兩下、三下、五下、十下，然後做著做著，你就會覺得，「咦？好像還能繼續下去」，並順勢跳完一百下。這個重要的第一下，能讓大腦觸發勞動興奮，接著就會不知不覺的持續下去。

套用在工作上也是如此。最麻煩的叫做「還沒開始」，而只要開始了，就會有進度。這也是為什麼一開始要先用五秒法則讓自己動起來，因為只要能開始，人們就不會輕易停下來。所以，快速開始處理工作的祕訣在於：「就算只做一點也好，總之先動手，三、二、一、GO！」

POINT

利用五秒法則與勞動興奮的心理暗示，立刻動起來！

03

「我還在準備」的人永遠不會開始

一般人想開始進行什麼計畫之前，總想著要先做好萬全準備，但是過於謹慎、一直在做準備，只是平白浪費時間而已。真正的高效工作者，都是做中學，從實作中發現問題。

常聽到有人說：「我擔心計畫還有問題，以至於遲遲無法行動……。」但擁有這些困擾的人，在面對日常工作與例行業務時，其實都處理得很流暢，為什麼在面對從來沒接觸過、需要創意、看似難度高的工作時，就會裹足不前呢？而且會變得很焦慮、無法理性思考，以至於一直停留在準備階段，無法跨出第一步。

會說得好像很懂，是因為我以前就是這樣的人，每當要跨入新領域之前，我總是會焦慮、恐懼失敗，而且用大量蒐集各種情報等藉口，來逃避應該要做的嘗試。例如，我在考取稅務士資格後，總想著差不多可以開始創業、自立門戶了！但心中卻同時浮現各種雜音：「不不不，現在還不行……還有公司稅法與遺產稅法這兩個重要領域還沒取得資格。不能在學會這些之前，就貿然開業……。」、「不不不，還不行。在開業之前，還有其他稅務領域，要想辦法用補習班的ＤＶＤ把概念補起來才行。」、「開業時，總要準備一些會計專用軟體吧！在那之前，是不是應該先搞懂相關的電腦知識呢？」就這樣自己嚇自己的想了一大堆狀況，以至於遲遲無法創業。這些就是工作效率不佳者容易落入的陷阱。

畢竟不真的開始行動，就沒有辦法看見最重要的問題，所有的困難都只是自己的想像。就像我也是考慮了一大堆，才終於下定決心改變策略：「不管了！先創業再說！其他還沒解決的問題，就等創業之後，邊做邊調整就好。」

當我正式自立門戶之後，才體悟到原先擔心的事，都只是杞人憂天的煩惱罷了。實際上，跟遺產稅相關的委託並不多；而會計專用軟體的操作方式也相當簡單，甚至還附有連外行人也能看懂的詳細操作說明。

現在回想，真正會遇到的困難，都要實際創業後才會發現，而在那之前，是完全無法想像的。既然這樣，還不如早一點投入、早一點發現問題、早一點解決，會更有效率。因此，不要再執著於準備或考慮，先開始行動，才能發現問題的所在之處。

要做中學、實作中修正

此外還有一點，就是要一邊做，一邊嘗試。

我這邊所說的做，並不是毫無計畫、魯莽行動，而是要先提出一個假設，然後一邊實作，一邊檢驗自己的想法是否可行，就算剛開始的假設不夠完整、只是略具雛型也無妨。之後馬上用行動來驗證，如果發現實作的結果與假設有落差，那就依實作狀況來調整，並提出新的假設與想法，然後再次驗證。

為了提出假設，我們可能需要蒐集一些相關資訊，但蒐集資訊並不是我們的首要任務，因為在試錯的過程中，自然會出現新的資訊與問題，需要我們去尋找解答。

本田汽車創辦人本田宗一郎曾經說過：「人生是由觀察、傾聽與嘗試這三種智慧組合而成，而我認為其中最重要的就是嘗試。」

分秒必爭的商場上，反應時間十分有限，如果耗費太多時間在蒐集資訊上，就會喪失競爭力，而高效率者就是因為能從做中學、從實作中修正，才可以用有效率的方式完成任務。

POINT

從做中學，答案就藏在實作過程中。

04

碎冰錐工作術，再麻煩的工作也有解

有哪些工作會讓你有動力想趕快做完呢？例如自己喜歡的工作，就算沒有別人催促或要求，應該也會自動自發去完成，或是感覺輕鬆的工作、進展順利的工作等，不用太費力就能有進度或績效，也會讓人有動力想要去處理。

在我的小組聚會中，有一位講師叫箱田忠昭，他把這一類的工作稱為「棉花糖工作」，同時他也提醒我們：「要小心藏在棉花糖工作中的陷阱。」理由是，一旦順著自己的好惡，先去處理喜歡的、輕鬆的、進展順利的工作，那剩下來的，就全部都會是討厭的、困難的與麻煩的工作。而且在一天當中，把精神飽滿、注意力集中的上午，都拿來處理喜歡的、輕鬆的工作，然後把不喜歡的、困難度較高的工作，留到專注力渙散的午後，不僅痛苦，也相當沒效率，屬於典型的搞錯用力方向。

但這就是人性，即便知道不太好，仍舊不想先處理困難的工作，才會一不小心就躲進棉花糖工作裡。如果我們無法意識到自己有這樣的工作狀況，就很容易落入陷阱中而不自知。

把麻煩或困難的工作先敲成小碎塊

有一個能把麻煩、困難度高的工作，變得好處理的方法，那就是把它切分成幾個不同的小任務，然後逐一擊破。

例如，對於會計部門來說，最麻煩的工作莫過於年度決算。是不是常聽到會計部門的人在嚷嚷：「下個月就要開始處理年度決算了」、「這個月要編製年度決算，沒辦法在下班後跟你去喝一杯」，沒錯，年度決算就是一個大魔王，總讓會計人員戰戰兢兢、棘手不已。

因此，就算明白差不多該處理年度決算的工作，還是很難立刻開始。只好先東摸摸、西摸摸，在截止日前才匆匆忙忙動工。但這樣不僅會增加錯誤率，造成檢核與修改上的負擔，還可能會發生錯誤申報等最糟糕的狀況。

究竟要怎麼做，才能坦然的面對麻煩工作？就像上述提到的，要先把工作切成幾個不同的小項目。例如，我在處理年度決算業務時，會這樣細分工作項目：

1. 列印去年的年度決算書。
2. 整理年度會計憑證。
3. 去銀行申請帳戶餘額證明。
4. 確認應收帳款。
5. 確認應付帳款（就像這樣把工作繼續細分成不同的小項目）⋯⋯。

當我們把工作切分成不同的小項目，就能先處理小事，像是列印去年決算書等，也可以把整理會計憑證這件事，委託給手邊沒事的A同事和B同事，或是C同事說要去銀行一趟，我們則可以請C同事順便申請帳戶餘額證明，就這樣一步一步完成麻煩的年度決算工作。

我把切分工作項目的方式，命名為「碎冰錐工作術」。就像是拿一把碎冰錐，擊碎巨大冰塊，讓大冰塊變成一堆比較小的碎冰，如此一來，冰塊融化的速度，就會比一整個大冰塊時要快上許多。

其他工作也是如此，只要能將工作切分成數個小項目，就能簡單完成。習慣把麻煩工作留到最後的人，務必要試試看碎冰錐工作術。

POINT

將工作切分成數個小項目，就能簡單做完。

05

時間不會增加，但可以買別人的

無論工作速度再快、再有效率，只靠自己一人，能做的程度還是十分有限，因此，馬上交出成果的人另一個絕招就是：把工作分出去。

這件事只有你能處理嗎？

在解釋要怎麼樣把工作交付給別人（或使用更有效率的方法）之前，我想先跟大家分享一句話：「我們無法為自己買到更多時間，但可以買別人的時間。」當我第一次聽到這段話時，彷彿被雷打到一般恍然大悟，所謂茅塞頓開，大概就是這種感覺。

一天只有二十四小時，不會因為你在路上隨手撿起垃圾，就讓一天變成二十六小時；也不會因為你在路上亂丟垃圾，就縮短為二十二小時。每個人一天都只有二十四小時，無論再有錢，也無法買到時間。這是指花錢買不到自己的時間。如果我們想買別人的時間，只要給予合理的回饋或報酬，就有可能請別人來代勞許多事，這個概念就是交付工作的本質。

如同我前面所說的，在剛出社會時，我總是一個人加班到晚上十一點還回不了家，但是在聽到這句話以後，對於剛下定決心要改變常態加班的我來說，根本就是一語驚醒夢中人！自此之後，我經常會思考，「這件工作，真的只有我能做嗎？」只要確認這件工作有機會請別人代勞，我就會想辦法找人接手處理，工作效率也因此大幅提升。

根據英國某大學的研究指出，**英國一般白領階級的主管，會把高達四一％原本應該要交付給員工或部屬的工作，攬在自己身上親手完成**。就連生產力較高的英國，都會有這種無法放手的狀況，更何況是在已開發國家中，生產力原本就偏低的日本（日本勞動生產率連續四十七年，都在七大工業國組織〔按：Group of Seven，簡稱G7，由世界七大已開發國家經濟體組成的政府間政治論壇，成員國為美國、加拿大、英國、法國、德國、義大利、日本）中排名墊底）。可見日本主管們因為無法放手，所額外承擔的工作量，應該遠不只四一％，就連我在當主管時，應該也做了很多應該交給部屬的工作。

只要能創造雙贏局面，也可以把工作交付給主管

要特別說明的是，這邊所說的交付工作，並不是要你把工作都推給別人。重點在於，被交付工作的一方，也能獲得合理的回饋與報酬。只要能創造出雙贏的局面，就有可能把工作交付給主管。

例如，手邊有某個工作內容是與A客戶簽訂最終契約，但往來路程需要花費約六個小時，此時，不妨藉由以下方式來向主管提案：「報告部長，與A公司的合約內容都已經談妥了！如果最後在雙方簽訂契約時，能由部長出面的話，說不定有機會談到對公司更有利的條件。所以，如果部長的時間允許，是否有機會請部長代表公司，前往A公司洽談簽約事宜呢？我會利用這段時間，來處理另一個大型專案的報價資

料……。」如果用這樣子的方式來溝通，相信主管應該也會很樂意！

萬一客戶真的因此開出更優惠的條件，功勞都歸給主管；而且讓主管出席像是「簽約」這種重要場合，也是為主管做面子；再加上自己手上的另一個大型專案，最後也是主管業績的一部分，對主管來說，同意這個提案也不會有什麼壞處。更重要的是，只要主管願意幫忙，自己就會多出六個小時的時間。

因此，我想告訴大家：「把工作合理的交付給別人，並不是推託工作，也不是一件壞事。」只要被委託的一方也能從中得到好處，就是一個創造雙贏的方法。

老是抱怨自己效率不佳、時間不夠用的人，務必養成在跳下去自己動手前，先思考一下：「這件工作真的只有你能處理，沒辦法分配給其他人嗎？」

POINT

只要懂得交付工作，就能無限提升工作效率！

06 用時薪來考量效益

企業有時會因為降低成本等理由，刪減購入資產或費用開銷的預算。但是，刪減之後造成工作效率下降或營運績效不彰，反而是捨本逐末的行為。

因此，工作效率高的人，不會把目光只放在成本支出上，而是會進一步考量CP值（投入成本與獲得效益的比值）。

降低成本所換得的效益，真的有賺嗎？

就像前面提過的，想要以最佳效率來完成工作，就要先判斷此工作是否需要自己全力以赴。又，在前一篇中，我們也提到能用錢買到別人的時間，但在判斷怎麼買才划算之前，我們必須先知道自己的時間值多少錢。例如，某個家庭主婦得知附近的超市，白蘿蔔價格便宜五百日圓，所以大老遠跑去採購，然而過程中耗費了大半天的時間，還花了四百日圓的車資。但她不以為意，還覺得自己相當聰明而沾沾自喜。

表面上這是一則笑話，但對於追求馬上交出成果的人來說，反而應該要引以為戒。因為類似的狀況，經常在我們生活中上演：只顧著追求眼前的利益，卻沒發現隱藏的成本，或是沒發現以長期眼光來看，某些行為可能會造成虧損或浪費時間成本。所以，我常會把CP值這件事放心上。CP值聽起來好像有點難，但在生活或工作中等各種領域都適用。例如，在出差時，如果前往目的地的車程超過三十分鐘，我通常會選擇商務車廂。

雖然商務車廂的價格比一般車廂貴一點，以投入成本來說，絕對是比較高昂，甚至一般人會覺得有點浪費的選項。但因為我選擇了投入成本較高的商務車廂，反而會提醒自己，應該要更有效的運用這段時間，進而得到了提升寫作或讀書效益的附加價值。再加上在商務車廂中，認真工作的人遠比放空、睡覺、打電動的人還要多，受到這些積極氣氛的影響，自己也不禁受到暗示：「得好好努力工作。」所以，在考量投入成本與獲得效益之後，對我來說，商務車廂的費用相當划算。換句話說，在評估節省成本時，要一起衡量工作效益是否會受到影響，才不會因小失大。

情緒與滿意度，也是評估效益的重要標準

我還有一個失敗經驗，可以當作大家在考量CP值的過程中，一個重要的警惕。

事情發生在我擔任總務課長，並負責管理公司電腦的期間。當時公司的工地現場有員工提出，「因為電腦處理速度太慢，所以想換一部較快的電腦」，但是經過檢查與評估，發現原本那部電腦，只有在運轉時，偶爾會慢個幾秒。我心想，「只不過是慢了幾秒，忍耐一下應該也沒關係」，又考量到換電腦所須要耗費的成本，於是駁回了這項申請。事隔半年後，我的電腦處理速度也開始變慢，每當電腦出現幾秒的卡頓，我的工作節奏就會被打亂，甚至影響集中力。所以只要電腦一出現狀況，我就會心浮氣躁的離開座位去喝杯咖啡或抽根菸，工作效率也因此大幅下降。

藉由自己遭遇到相同的狀況，我才察覺自己先前的判斷很有問題。自以為是短短

幾秒的卡頓，應該沒什麼關係，而沒有設身處地的去思考，這對工作效率會造成什麼影響，甚至做出錯誤判斷。每次想到因為我的緣故，讓現場工作效率與工作情緒變糟，我就羞愧萬分。因此，CP值不只是表面上的時間或金錢成本，還要進一步考量情緒或滿意度等心理層面的變化，對工作效率所造成的影響。

至於要怎麼具體量化自己的時間值多少錢，以及計算每個人的投入成本與獲得效益呢？我建議用換算成時薪的方式來評估，也就是將全年薪資除以上班天數，再除以每日工作時數，得出的結果，就是每個人的時薪。例如，A員工的全年薪資為五百萬日圓，全年總上班天數為兩百五十天，每天工作時數為八小時。其計算方式就是：五百萬日圓÷（兩百五十天×八小時）＝兩千五百日圓，也就是A員工的時薪為兩千五百日圓。

只要運用這項概念，當有一個約花費十小時的工作時，我們就能依照這項工作所能產生的效益，評估是否改由委外製作，甚至根本不用投入人力也沒關係等。

POINT

用換算時薪的方式衡量CP值，用投入成本與獲得效益，來計算損益。

07 有些事，不做比做更有效率

經過前面幾節，我們知道評估ＣＰ值的重要性，為了獲得最棒的工作效率，某些項目不妨投入成本請其他人代勞。而另一個能顯著提高效率的方法，則是找出並刪除沒必要的流程。

獲得最高ＣＰ值的祕訣

前面介紹的ＣＰ值，是指評估投入成本與獲得效益，但反過來說，如果能找到不做（不用投入成本）就能獲益的方法，不就等於是創造出最高ＣＰ值了嗎？

因此，找出不用做的事，正是最極致的高效率工作術。

我任職某家建設公司時，該公司習慣把會計專用軟體所製成的成本計算報告檔案，重新輸入到 Excel 表格中，再彩色列印成紙本，傳遞給相關人員參考。

我當時剛轉職到這家公司不久，看到這樣的作業流程時，心中不禁納悶：「這個流程也太浪費時間了吧？為什麼要重新輸入成 Excel 表格後再印出來？」於是半年後，當我有機會接手這項業務時，我試著直接把會計專用軟體產出的檔案列印給相關人員參考，省略掉輸入成 Excel 後再印出來的步驟，就這樣過了一個月、兩個月、三個月……發現沒有任何一位同事會因此感到不便、甚至抱怨。

後來才知道，原來這個流程慣例，是以前的員工為了打發時間所做的，大家也不明就理的保留至今。換言之，這原本是一項不做也沒關係的工作。像這種不做也沒關係的工作流程，或已經沒有實際意義，只是浪費時間的案例，不斷出現在企業或政府組織內部。例如，日本各級學校曾有一項規定，要求學校應定期測量學生的坐姿身長，但從來沒有人去質疑或去問為什麼，就這樣莫名其妙的實施了七十年，直到二〇一五年才取消。

聰明找出無效流程

現代管理學之父彼得・杜拉克（Peter Drucker）說：「提高生產力的方法，就是停止沒必要的工作。」而蘋果創辦人史蒂夫・賈伯斯（Steven Jobs）和臉書創辦人馬克・祖克柏（Mark Zuckerberg）等人，甚至為了節省每天挑衣服的時間，而買了一堆相同款式的衣服。

我相信，沒有人會執著做那些多餘的工作，之所以重蹈覆轍，是因為我們根本沒有察覺那些工作是無用的。既然如此，要怎麼找出無效流程，並加以改善？以下提供三個簡單有效的方法：

1. 新同事的意見，往往能突破盲點

在公司裡，如果要找到一個沒有框架，並且有自己獨特觀點的人，應該就屬剛到公司的新同事吧！像我剛剛分享的案例，正因為我是剛到職的新進同仁，所以才能看到這個職場中的各種優、缺點。

雖然許多新進人員會想要融入環境，而不敢主動提出改善或調整的建議；但對公司來說，如果想要突破原有的框架或盲點，主動找這些新進同仁聊聊，詢問他們公司與前單位有什麼不同的地方，應該能幫助找到調整或改善的方向。

2. 社會新鮮人的意見，不見得都是天馬行空

如果說新進員工可以跳脫公司的傳統框架，那社會新鮮人，無疑可以提供一些跳脫職場或業界框架的創意想法。

從社會新鮮人的角度，可以幫助我們挖掘出許多資深員工無法察覺，甚至習以為常的盲點。縱然有些想法可能會被認為是天馬行空，但也不用急著否定，只要願意花時間傾聽，裡面或許就藏有一些可以突破企業現狀，或前往新領域的創意等。

3. 多看看公司外部，參考別人怎麼做

公司外部，也有許多寶貴資源可以參考，例如各種經營管理著作、各式研討會，或跨產業交流活動等。

各種經營管理類的著作，包括時間管理、組織溝通、領導學等，都可以為企業經營管理提出方案與解答的好夥伴。而由各領域專家舉辦的研討會活動，則能讓我們第一時間獲取專家們的研究心得，並現場參與提問與討論，用交流促進產業發展。

此外，跨產業的交流活動，則可以透過不同產業的參訪與分享，理解其他產業領域對於特定問題的解決方式與因應對策，例如提高效率、改善工時等，用情報分享達到共同提升。

在本章中，我們介紹了高效工作者慣用的七大原則，從這七大原則中，我們可以一窺他們的思考模式與工作態度。

POINT

找出可省略的無效流程，是聰明提高效率的好方法。

第 二 章

職場專用番茄工作法，大幅提升效率！

01

我的「暖身」儀式：換眼鏡

我每天開始工作前，會先做一件相當重要的事，就是替自己開啟工作模式開關。

記得以前有部日劇叫《工作狂人》，內容是根據人氣漫畫改編而成。

快速切換工作模式，是工作效率高的人的共同特徵

故事主角松方弘子二十八歲，在出版社擔任女性雜誌編輯，是一位工作狂。她一旦進入工作模式，就會忘記吃飯、睡覺，甚至忽略自己的興趣與約會行程，完全沉浸在工作中。由於每次主角切換到工作模式時所呈現的狀態都很有趣，讓我十分期待每一集的播出。

當時固定追劇的我，完全沒有意識到進入工作模式，是要主動去切換的。我每天一進公司，總是悠閒的先跟愛聊天的資深女同事們邊抽菸、邊閒聊，等聊完才慢條斯理的開始處理手邊工作。但這對於開啟工作模式沒有任何幫助，於是我也很理所當然的成為工作效率不彰的員工。

高效工作者的共同點，就是能快速切換工作模式，所以我建議大家，要為自己創造一個能快速進入工作模式的開關。以我來說，我現在的切換開關是換眼鏡！我對自己下了一個暗示，只要在辦公室裡換上室內專用眼鏡的那一瞬間起，我就要進入工作模式。多虧這個儀式，讓我工作效率與過去完全不同，不會再拖拖拉拉、東摸西摸，遲遲無法進入狀態。

務必嘗試幫自己設定一個專屬的切換開關，無論是戴好指套、喝完咖啡，或只是伸個懶腰等，任何動作都行。藉由某個動作，讓自己的心態從平常模式切換成工作模式，你一定能感受到效率明顯不同。

優先要做的工作，安排在暖好機之後

當我們切換成工作模式後，還有一件重要的事情要留意，那就是**優先順序較高的工作，不要排在每天的一開始**。

在許多商業管理類的書籍中，我們常會看到書裡建議讀者，要從優先順序高的工作開始處理，因為每天上午的精神與專注力較高，所以會有比較好的成效；等下午的精神與專注力開始下降，則可以用來處理較為簡單、不傷神的庶務。

其實我也是這樣在安排工作，也這樣分享給部屬，但是為什麼我說：優先順序較高的工作，絕對不要排在每天的一開始？因為優先順序高的事務，通常難度也較高，就算自己振作精神、打算全心全意的來對付它，還是很容易在著手進行後，覺得好麻煩、好困難，甚至倍感挫敗。如果把這麼麻煩的工作，安排在每天的一開始，很容易打亂工作節奏，讓自己有「一大早就工作不順」的感覺，進而導致工作情緒低落，動作逐漸緩慢或停滯。

我當年為了準備資格考試，逼自己早起讀書時，就曾經遇過類似狀況。

一早起床後，立刻從難度高的科目開始準備，結果腦袋無法順利運轉。明明都已經離開柔軟舒適的羽絨被，最後卻挫敗的躲回被窩裡睡回籠覺，直到上班前才起身。在那段期間，不斷上演同樣的狀況，這些失敗經驗，也讓我決定改變讀書方式。

一早起床後，我先從負擔較小的課程開始，例如，先複習十頁單字本、先瀏覽一下目錄、先複習昨天看過的範圍等。經過各種嘗試，最後發現，從閱讀三頁統整錯誤的筆記本開始，再接著做考古題，效率最好；因為這樣的順序，會讓我的身心處於安定狀態，讀書節奏也不會被打亂，學習效率也隨之提升。

套用在工作上也一樣，**要給自己熱身、暖機的時間**。現在我每天一早進公司後，會先利用四件事來熱身：在記事本中記錄昨天發生的重要事件；翻閱行程表，確認今天的工作行程；查閱公司所持有股票的股價動向；發訊息問候住在鄉間的老媽，接著才著手處理優先度高的工作。這些例行公事只要花費五分鐘，但有沒有這段暖機過程，將會影響到後續工作的效率。

POINT

切換成工作模式後，請先暖機，再慢慢踩油門加速。

02 把所有待辦事項，整理在同一本筆記裡

在每天開始工作之前，我一定會先確認一整天的行程安排，並同時打開待辦事項筆記本，看過當天每一段行程中所要執行的任務。

這本待辦事項筆記本對我來說，是提升效率所不可或缺的最強盟友，我甚至為此寫了另外一本著作《零加班筆記術》，專門介紹筆記的使用方法，書中也收錄許多值得參考的筆記術。

在深入研究各種筆記術後，我的心得是，想有效提升工作效率，最好**把所有待辦事項，都整理在同一本筆記裡**。

大家應該都有過類似的經驗，搭車時忽然想到待辦事項，順手就記在手機的備忘錄裡；同事請託的工作，隨手拿便利貼記下來，貼在電腦螢幕旁；特地把今天必須聯

絡的窗口名片，放在辦公桌的顯眼處；腦海中不斷提醒自己，早上出門時，家人交代下班順道去超市買晚餐食材……類似這樣的情境，光是用想像的就覺得倍感壓力，深怕遺漏任何一件事，所以，當待辦事項散落在各處時，我們其實很難全神貫注的去處理眼前的工作。

單用一本筆記，就能掌握工作全貌

回想剛剛那些場景，其實跟使用什麼輔助工具無關，而是我們沒有一個統整所有待辦事項的媒介，以至於我們無法快速掌握所有待辦事項，進而感到不安。此時，只要把上面這些待辦事項與任務，全部複寫到同一本筆記中，讓所有待辦事項能一目瞭然，就完全沒問題了。這也是待辦事項筆記本最大的優點：大幅提高安全感與達成任務的成就感。

當我們的「待辦事項筆記本」中，記錄了當天所有要執行的任務，一方面可以知道今天要做哪些事，另一方面也能確實掌握工作完成的進度。**只要看到筆記本中所有**

任務都做完，就代表今天的工作順利結束，內心也會因此踏實不少。

就像身處在伸手不見五指的漆黑隧道裡，哪怕前方十公尺處就是隧道出口，但因為我們什麼都看不見，以至於心中相當惶恐不安；但只要能看見出口處的微微光亮，哪怕還有一百公尺遠，我們也會因為知道出口在哪，而放心前進。

當我們無法掌握今天所有的待辦事項，就好像走在漆黑的隧道裡，不知道還有哪些工作要做，也不知道什麼時候才能做完，整天都處在不安與焦慮的情緒中，間接影響工作品質。但如果能將今天所有要辦的事，都記錄在同一本筆記中，我們只要按圖索驥，一項一項達成即可。

光是不用反覆確認有無遺漏事項，就能大大提升我們的安全感。

不論工作或私事，都要記錄下來

在使用待辦事項筆記本時，需要注意另一個重點，就是不論工作或私事，都要一併整理到筆記中，例如，去便利商店繳水電瓦斯費；回家路上，記得把明信片投進郵筒等。

當待辦事項筆記本，可以完整記錄一整天所有的工作與個人事務，我們就能全神貫注的處理眼前的工作。此外，並沒有限定非得在每天的一大早，或一天即將結束的夜晚或睡前整理筆記本。只要出現任何新的待辦事項，不論是主管臨時交辦的任務，或委託給部屬處理的事項，都要隨時翻開筆記填上去。

等完成任務後，可以畫紅色圈圈表示已完成。當我們看著筆記本裡的紅圈圈越來越多，就會有成就感，情緒也會更加高昂，讓工作變得更愉快。

待辦事項筆記本結合碎冰錐工作術

我們在第一章曾介紹過高效工作者的七大原則，其中之一就是碎冰錐工作術，亦即當面對困難又麻煩的工作時，只要切分成細項，就能加快完成速度。而將碎冰錐工作術，與詳細條列的待辦事項筆記本組合在一起，恰好能發揮強大的威力。

首先，我們可以把各種麻煩棘手的工作，拆分成可以寫入待辦事項筆記本中的各種小任務，以製作年度決算書為例：

1. 列印去年的年度決算書。
2. 整理年度會計憑證。
3. 去銀行申請帳戶餘額證明。
4. 確認應收帳款。
5. 確認應付帳款。

像這樣把麻煩或困難的工作，預先拆解成較小的項目，就算沒有辦法一次全部做完，但單單只是在已完成的小項目上畫紅圈圈，都會讓人覺得工作有所進展，心中的壓力也會減輕不少。這種輕鬆與成就感，同時也會提高我們的工作效率。

最後要補充說明，如果某項工作已經被寫進待辦事項筆記本，但當天無法順利完成，而必須拖延到明天或更晚之後，通常我會把被延遲的事項，重新謄寫到隔天的待辦項目清單中，並在該項目畫上一個藍色圈圈作為提醒，代表該項目被延遲。而藍色圈圈的用意，是督促自己不能重蹈覆轍，一定要想辦法在時限內完成任務、順利畫上紅圈圈。

我利用在待辦事項畫紅圈圈的方式，來為自己創造成就感，進而打造流暢的工作節奏。我也相信穩定的工作節奏，可以有效提升工作效率。

POINT

完成筆記本中待辦清單所產生的愉悅感，將加速我們的做事效率。

03 啟動「自我應驗預言」

同樣一件要完成的工作，為什麼寫下來，會比只在腦海中空想，更讓人想要去做呢？這其實是有根據的。

在心理學中，將這種現象稱之為「自我應驗預言」（Self-Fulfilling Prophecy），也就是人們會因為獲得了預言的暗示，以至於擁有想實現預言的動力，進而驅使自己行動。也就是說，當要做的事被寫在筆記本上，就會激發我們心中想完成待辦事項的念頭，進而去實踐它。

有些行動力比較高的人，只要一動念，就會去完成腦海中的想法；相反的，那些遲遲無法行動的人，則是會在腦海中反覆思量，「這件事好像很重要，那件事好像也不能不做」，所以，把腦海中所浮現的每一樁事項都寫下來，是讓思緒有系統輸出的第一步，在寫下來的過程中，也等於是暗示自己，「這件事情要做完」，藉此啟動自我應驗預言模式。

為待辦事項設定執行順序

在使用待辦事項筆記本時，還有一個重點：筆記上的順序，不一定是執行或處理的順序。因為人們習慣從上到下依序執行工作，此時如果有一些新增的重要工作，或優先順序較高的事項被寫在筆記的尾端，很有可能會被我們推延到隔天才開始進行。

因此，使用待辦事項筆記本時，要先瀏覽過當天所有事，並預先設定順序；也可以在待辦事項前面加上編號，讓工作流程一目瞭然，避免習慣性從頭處理，延誤了真正重要的事。

把當天要處理的事項都寫在筆記之後，接下來，設定這些待辦事項的優先順序，我們可以透過以下衡量標準來分類，並依此判斷前後順序，更有效率的完成工作：

1. 哪些工作要優先完成？
2. 哪些工作非親自執行不可？
3. 哪些事情可以委派給別人來幫忙？
4. 哪些是今天一定要完成的？
5. 哪些工作就算延到明天也沒關係？
6. 哪些項目就算不做也無妨？

用待辦事項筆記本掌握工作全貌

掌握工作全貌後，才能精準判斷還有沒有餘裕。例如，工作行程已滿，卻臨時被委派新任務，此時就能用待辦事項筆記本，評估工作的調整空間，像是「有沒有什麼工作可以請其他人幫忙」、「有沒有什麼工作，可以協調一下完成的時間、延後交件的期限」，或「這個工作只有我能做嗎？」進而快速判斷能否調整排程，讓有限的時間與精力，用在重要的工作上，進一步提升效率。

待辦事項筆記本能幫我們快速過濾工作屬性，辨識出真正重要的工作，把不用親自處理的事項，委託給別人幫忙，自然就能在擅長的領域發揮專業。

POINT

待辦事項筆記本能幫助掌握工作全貌，辨別哪些項目不做也沒關係。

04 職場專用番茄工作法

番茄工作法（Pomodoro Technique）是廣為人知的時間管理工具，它的使用方式非常簡單，就是持續工作二十五分鐘後，休息五分鐘，只要反覆循環，就能維持專注力，在時間內集中精神處理業務。不僅可以用在工作上，還能應用在學習、讀書、打掃等任何事情。

假如以一天工作時數八小時來計算，大約可以換算成十六個二十五分鐘加五分鐘的循環；又因為每進行四個循環（兩小時），可以休息三十分鐘，所以在一整天的工時當中，約可以完成十二到十三個循環。

番茄工作法的發明人法蘭西斯科．西里洛（Francesco Cirillo），是一位出生於義大利的作家與創業家。據說，他之所以研發出這個時間管理工具，是因為他當時從事軟體工程師的工作，經常被工作結案日追著跑，所以才想出一套方法，藉由廚房計時器來管理時間、提升效率。

為什麼叫番茄工作法，是因為西里洛所使用的廚房計時器，是常見的發條式番茄造型，而 Pomodoro 一詞就是義大利文中番茄的意思，所以才叫番茄工作法。

在我親自執行這套時間管理方法後，成效相當驚人！

首先，我決定好今天要執行的十二個待辦事項，並把計時器設定為二十五分鐘。開啟計時器後，我就專注於眼前的工作，直到計時器響起，我會先按掉計時器，然後翻開待辦事項筆記本，確認工作進度或畫上紅圈圈，然後休息五分鐘。我有時會深呼吸、閉目養神，讓眼睛休息一下，或是起身去喝個咖啡、活動一下。五分鐘的休息時間，說長不長、說短不短，剛好可以讓腦袋放空重置，同時為下一項工作振作精神。

不管是一個人在會計事務所準備文件，或是在家裡寫書、備課，整理研討會或演講內容，我都會用「專注二十五分鐘＋休息五分鐘」的循環，來處理手邊工作。使用番茄工作法並不是不會累，有時一整天下來也會覺得身心疲憊，但這也代表自己在這段期間，是全心全意投入工作。

有些職場文化不適用

雖然我這麼推崇這個方法，也希望大家都能充分應用在工作上，但是不得不說，只有在獨處或在相對單純的職場環境，才能完全發揮番茄工作法的威力。

以我來說，平日的每週一至週五，我都在建設公司處理總務會計工作。我也曾經嘗試在辦公室裡執行番茄工作法，成效卻完全不如預期。原因很簡單，因為在職場中，很難有二十五分鐘完全不受打擾、讓我專注手邊工作的時間，也不方便在上班期間，隨意決定什麼時候要休息五分鐘，執行起來完全不像一人工作時這麼方便，最後只能放棄。

例如，當我打起精神，決定從現在開始的二十五分鐘內，都要集中精神處理這份工作，但一下子電話響，一下子主管或同事來討論工作，注意力很容易被打斷。又或是每隔二十五分鐘要休息五分鐘時，同事也會給予關切：「我看你好像一直在休息？是身體不舒服嗎？要不要提早下班？」說不定還會被主管指責：「搞什麼鬼，我看你工作沒多久就在休息，是在打混摸魚嗎？」平平都是五分鐘，在獨處工作時，是恰到好處的重開機時間；但在職場環境中，卻因為別人的眼光，而變得無比漫長。

在某些美國企業的職場環境中，因為每位員工都有一小塊專屬辦公空間，所以執行番茄工作法比較不會遇到什麼困難，但日系公司的辦公室多半沒有隔板設計，眾目睽睽之下，實在難以執行番茄工作法。

職場版番茄工作法

有鑑於日系公司的職場文化，我特別擷取番茄工作法的核心精神，經過不斷嘗試並調整各種工作與休息時間的組合模式，找出最適合的方法，改造成在公司也能輕鬆使用的版本：持續工作十四分鐘後，休息一分鐘。

這套以十四分鐘＋一分鐘，共十五分鐘為一循環的方法，是我在日系企業實踐番茄工作法的訣竅。主要概念仍是把工作時間切分成「每十五分鐘為一個單位」，但這十五分鐘不一定都要用來處理同一項工作，也可以把剩餘的零碎時間，用來處理雜事，例如收發郵件、確認待辦事項筆記本、與主管或同事討論簡單的工作等。可以想像成，在以十五分鐘為單位的箱子裡，先放進體積較大的石頭（主要工作），然後在箱子裡的空隙間，放進體積較小的砂粒（一至兩分鐘內可完成的雜事），如此一來就能完整利用箱子裡的空間。

此外，每個小時也可以閉上眼睛，偷偷休息一到兩分鐘，讓自己不會因為持續盯著電腦螢幕，而感到疲乏；也能在接下來的工作中，重振精神、發揮最佳專注力。這套經過我改良後的「石川式番茄工作法」，不會因為每天休息好幾次五分鐘而引人側目，也是相對容易被企業接受的方式。

以十五分鐘為單位，並在時間內專注眼前工作，就會展現出驚人的工作效率。

POINT

適用職場的番茄工作法：持續工作十四分鐘＋休息一分鐘。

05 便利貼不是好工具，看久了會麻木

很多人習慣把待辦事項寫在便利貼上，然後貼滿電腦螢幕的邊緣，藉此用來管理工作。他們給出的理由是：「把待辦事項寫在便利貼，並貼在螢幕上，一眼就能看見，不容易遺漏。而且完成工作之後，可以直接把便利貼撕下來扔進垃圾桶裡，會有一種很爽的感覺。」這些理由我都懂，因為我也曾是便利貼的擁護者。但在嘗試過各種管理待辦事項的方法後，我不得不直白的說：「在螢幕旁貼滿便利貼的做法，一點都不適合管理工作！」

第一個原因是無法專注眼前的工作。如果我們想專注在某一件工作上，必須集中精神、不被干擾，但當電腦螢幕被貼滿各種待辦事項，只要稍不留心，注意力就會被便利貼給吸走，結果一直分心思考別的待辦事項，完全無法集中處理當下的事務。

第二，看久了容易習慣。當我們把便利貼一直黏在相同的位置，時間一久，大腦就會開始疲乏，這些便利貼彷彿融入背景之中，就好像日曆或海報一樣，貼得理所當然，一點也不起眼。等出現這種狀況，便利貼的提醒功能已然消失，就算我們盯著它看，腦袋也不會出現急迫感。更慘的是，我們開始忽略便利貼，直到年底大掃除時，才發現它像凋謝的乾燥花或紙屑一樣，掉落在辦公桌下的某個角落、堆滿灰塵。

這種情境，是絕不會出現在待辦事項筆記本中，因為我們每天都要整理一遍，所有新增的、未完成的，都會被我們一一謄寫到筆記本上，根本不會有注意力疲乏的問題，甚至還會因為重複謄寫尚未完成的待辦事項，而引發沒做完工作的罪惡感。

例如，當天沒有製作好年度業務報告書，我們就得在隔天的待辦事項清單中，重新寫上「製作年度業務報告書」；萬一這項工作被拖延了好幾天，我們就得連續寫下好幾天。每多寫一次，心中的罪惡感就多添一層，根本不會像便利貼一樣看到麻木，甚至視若無睹，只會想著「不能再拖了，今天一定要完成它，我不想再抄一次同樣的工作項目了」。

尤其當天沒有如期完成的任務，還會被我們畫上一個藍色圈圈，隔天重新謄寫待辦事項時，那個藍色圈圈會有多刺眼，就不用我多說了。這種如影隨形的提醒效果，是便利貼所無法帶來的，只要試過一次就知道。

第三個原因是，用便利貼管理待辦工作，不會留下任何紀錄。如果每件待辦事項都用便利貼管理，只要一執行完畢，就撕下來丟進垃圾桶。當我們在幾天、幾個月或幾年後，想知道這段期間做了什麼事，就找不到任何紀錄，只能勉強靠記憶來拼湊。

相對的，待辦事項筆記本裡記錄了所有工作項目，這些數據都會成為寶貴的資源，例如，「某一項工作是從去年的○月○日開始進行」、「大概花了多少時間」、「流程順序大概是怎麼樣」，你可以參考這些紀錄，進而調整今年的工作安排，像是提早開始或預留工作檔期等。

凡是我曾經執行過的工作項目，都會在待辦事項筆記本中留下紀錄，只要回頭翻閱，就能一邊改善流程，一邊提醒自己是否還有要注意的地方。把待辦事項筆記本，當成工作日誌或工作備忘錄來使用，不僅可以馬上做出成果，也能避免遺漏。

最後一個原因是，用便利貼很難表現出所有待辦事項的截止期限。

我在第一章曾介紹過，高效工作者的第一個原則，就是面對所有任務，先設定完成期限。但零碎且篇幅有限的便利貼，無法完整註記所有工作的截止日期，以至於無法讓我們立刻掌握工作的全貌或排程進度。

看完以上四個不推薦使用便利貼的理由，假如你跟我一樣，原先都是便利貼使用者，務必嘗試待辦事項筆記本，它可以有效彌補便利貼的不足，讓我們一眼掌握工作的全貌、待辦事項的排程與優先順序，且反覆謄寫未完成事項還能產生罪惡感，這些優點有助於我們提升做事效率。

POINT

便利貼不是管理工作的好工具。

06 主動告知周遭，今天很忙不要吵我

許多能力傑出的有效率工作者，不僅職場表現亮眼、工作速度快，就連下班生活也相當豐富精彩，可以去健身房運動、慢跑，還能參加跨產業交流會或講座、研討會等，一臉從容不迫、游刃有餘，不禁讓人想問：「難道你就是時間管理大師？還是鐵人三項的運動員？」究竟如何在繁重的工作之餘，還能確保充實的個人生活？答案很簡單，遵守跟自己的約定，優先將個人待辦事項排進行程裡。

也許有人會說：「那是因為他們是頂尖成功人士，才能把自己的事情優先安排到行程裡。像我們這種普通小職員，只能等工作或家庭時間有空閒時，才找時間做自己的事情。」但絕不是這樣，就算是普通員工，也可以把個人待辦事項優先排進每日行程中。

以我準備稅務士資格考試的經驗為例，由於考試的及格率只有一〇%左右，不能用玩票性質的心態來準備考試。所以我在備考的第一年，特別利用不需要加班的週三晚上到補習班上課；但沒想到，補習班的課程在第二年卻改成週二及週五晚上，很有可能會跟我的工作或加班有所衝突，再加上補習班的課程內容相當扎實，只要缺課就很難跟上進度，一時之間十分困擾。

我當時三十五歲，剛升上管理職不久，每天都忙到不可開交。但我後來還是下定決心，跟自己約定要準時上課，無論工作多忙，週二及週五晚上一定會想辦法空下來，所有非必要的婚喪喜慶或應酬一律婉拒，不論有多想參加聚會，永遠都以上課為優先，最終我無一缺席的上完所有課程。之所以能完成這項艱巨的目標，主要是我堅持遵守跟自己的約定。

將跟自己的約定優先排到行程裡，不僅逼自己集中心力在時間內完成每一項任務，工作效率也會因此越來越好。

成功的祕訣在於向大家宣告

想遵守跟自己的約定，訣竅在於向周圍的人宣告。只要把自己的目標告訴大家，之後不論是主管想找你喝一杯，或同事想找你聚餐，都會因為你已經宣告想要完成的事，而變得可以通融或婉拒。例如，「我的目標是○○，所以目前正在積極學習外語」、「我為了考取○○資格，所以目前正在某某學校進修」，哪怕不是這麼積極正面的理由也無妨，像是，「我今天跟家人約好了要一起吃晚餐，所以必須準時下班」、「我難得搶到票，今天要準時走」。

當我們一大早就先告知主管或同事們「我有計畫要執行」，他們就會把這件事放在心上，想著「他晚上有事，先不要找他閒聊，讓他專心處理工作」，或「這件事也沒有這麼趕，明天再請他幫忙好了」，我們就得以按照約定時間，完成自己的計畫。

但如果你已經宣告了，主管或同事卻還是不能體諒你，總讓你無法準時下班，或懷疑你下班後的進修或考試，是為了自立門戶或跳槽而百般阻撓你。像這種不為員工著想的公司，多半都把員工當成免洗餐具，用完即丟，建議你最好開始找新工作，這種環境並不適合久待。

不要忽略社交生活

雖然前面告訴大家，要優先將跟自己的約定放在待辦事項，但並不希望大家因此拒絕公司內部的活動邀約，完全不出席同事之間的聚餐、ＫＴＶ與保齡球等社交活動。這些社交活動可以讓我們認識更多人、建立情誼，讓彼此溝通更順暢，絕對不是浪費時間。

就像前面所說，如果自己有行程，可以先向大家打聲招呼，「因為今天有事，所以要準時下班」，但前提是我們與周遭同事的關係是和諧友善，才能獲得體諒。而參加社交活動的目的，就是為了維持人際關係。

你不用因為在意別人的眼光，而勉強自己非得出席；也不用為了硬要參加社交活動，而犧牲了自己另外想做的事。如果下班後跟同事們一起聚餐小酌，能讓你放鬆心情，把這項活動排進優先行程中也無妨。

想朝著什麼方向前進？想成為什麼樣的人？當我們有了這些問題的答案，請把這個目標向大家宣告。告訴周圍的人，我為了完成夢想，訂定了什麼計畫，並且優先排進行程中，遵守跟自己的約定。

POINT

告訴周遭人你所訂定的計畫或目標。

07 辦公桌上只留跟眼前工作有關的東西

「把可能會用到的東西，都先散放在桌面上，以方便隨時取用」，這種做法乍聽之下好像沒什麼問題，但其實是低效率者的通病。

為什麼辦公桌面應該保持乾淨

我在工作時，辦公桌只會放與當下工作有關的文件資料，絕不會把其他無關緊要的東西擺在桌上。我的桌上甚至沒有文具或筆筒，其他工作的文件資料，則放在有輪子的桌邊櫃裡，推到視線看不到的地方。就算已經做到這種程度，我還是會經常問自己：「這東西真的有必要擺在桌上嗎？」**盡可能維持桌面淨空**。

為什麼要這麼堅持桌面的整齊與乾淨？主要是逼自己盡可能**把心力都用在當下的工作**，這也是許多工作高效者的主要特徵。

許多做事效率低的人經常會說：「把東西都放在桌上，就能減少開抽屜、找東西的時間。」但實際觀察起來，多半是嘴裡嘟囔著：「咦？那份資料我記得好像是放在……。」然後在手邊的文件山中到處翻找，卻怎麼也找不到。

為了避免把時間花在找資料上，保持辦公桌上只放著與當下工作有關的東西，無疑是維持高效率的方法。

利用整理來重整節奏

為什麼透過整理，可以提升工作效率？因為可以**重整工作節奏**。

以前曾經幫朋友在外語補習班代課當講師，根據補習班的規定，在每一堂課程開始前，全體學生都要起立向老師問好，等說完「老師好」之後，才會正式開始上課。

而且不只上課時有這個規定，包括課堂中的休息時間，在休息時間結束後，學生們也要再次起立問好，才會繼續接下來的課程。

或許有人覺得，上下課時各一次起立問好已經很麻煩了，休息結束還要再來一次，根本就是浪費時間。我一開始也這麼覺得，但是換個角度觀察學生們的變化，不禁認為這好像是個不錯的規定。因為同學們在休息時間難免會聊天、滑手機等，就算休息時間結束了，大家仍會傳訊息、看新聞什麼的，但等大家起身向老師問好之後，教室氣氛瞬間不一樣了。

我從這次經驗當中學習到，起立問好，可以劃清上課與下課的界線，提振大家的精神。後來我也把這套方法應用在自己所任教的大學裡，包括在休息時間小睡片刻的同學們，也會因為「起立」的動作而醒過來，藉此區隔出休息與上課時間，讓人清楚感受到教室氛圍從輕鬆的下課型態，轉變為嚴肅的上課狀態。

每完成一項工作任務，就立刻把桌面整理乾淨，就能達到起身問好的效果，亦即透過整理桌面的過程，讓心情煥然一新，同時也做好準備迎接下一個挑戰。

由於我是以每十五分鐘為單位，來劃分工作，所以只要一完成某項任務，我就會立刻整理桌面。把資料、文件或是文具用品等全都歸位，讓自己用嶄新的心情，迎接下一個任務。乍看之下，可能會覺得整理桌面很沒必要，也會影響工作效率，但正因為多了「整理」這條分界線，讓我可以調整心情，處理下一個項目，進而產生了良好的工作節奏，做事速度也因此變得更好。

POINT

桌上沒有多餘的東西，專注力自然提升到極致。

第三章

遇到慢郎中，主管得這樣下指令

01 不能說「快完成」，要說「十分鐘後完成」

高效工作者們在面對溝通時，也十分講求效率，他們尤其善於透過精準表達，減少雙方來回確認，有效降低溝通成本。但是什麼樣的溝通方式，才叫做精準表達？才能避免雙方理解上的落差？最簡單的方法，就是**用數字來說話**。

例如，當主管詢問：「早上請你整理的資料，什麼時候能完成？」此時，高效工作者會用具體的數字來回答，像是：「再給我十分鐘就能完成。」主管在聽到明確答案之後，可能會說：「好，那十分鐘之後把文件給我。」這種溝通，能讓雙方確切掌握情況，工作便能順利完成，這就是有效的溝通。

不能說「快完成了！」

如果是**低效率工作者，他很可能會回答主管：「再給我一點時間，就快完成了。」**聽到這種回答，主管可能會再問一次：「再給你一點時間，是要多久？」就這樣來來回回確認細節，無疑是在多次的無效溝通中，浪費彼此時間。

如果當下確認彼此對特定議題的理解，已經達成共識倒還好，最慘的是已經花費時間溝通，事後卻還要反覆確認細節，不僅浪費時間，也容易導致注意力渙散、效率低下。

用剛剛的例子來說明，如果主管只聽到你說：「就快完成了。」而沒有繼續追問還需要多久，只說了一句：「好，麻煩你了。」然後去處理其他工作。一個小時過後，主管想起這件事，再回來關心這件工作的進度，發現部屬還在拚命處理要交出來的資料，不禁疑惑，開口詢問：「這份資料有需要花這麼多時間嗎？」然後雙方直到此刻才發現，部屬完全誤會了主管的意思，部屬把主管需要的「某一類中的特定產品，在過去兩年的銷售業績」，誤會成「某一類中的所有產品，在過去兩年的銷售業績」。此時不僅主管會不爽的抱怨：「聽不懂也不會問，我又沒說要所有產品的銷售資料……。」部屬也會很沮喪的想說：「交代事情也不說清楚，那我是在忙什麼？」

如果在一開始回答主管提問時，部屬能明確的說：「這份資料可能需要一個小時才能完成。」雙方或許就能在這個時間點，發現彼此的認知有落差，主管會疑惑：「我只要特定產品在這兩年的銷售業績，為什麼要一個小時才能完成？」自然就能防止前述的情境發生。

用具體資訊及數字來溝通，能有效避免失誤

我自己也犯過類似的錯誤。當時我二十幾歲，在一家建設公司任職，因為公司要舉辦工安會議，所以我幫忙擔任會議的工作人員。所謂工安會議，是指建案開工前，會召集所有承包商、工班與合作單位等，針對工地現場的施工安全與相關規定，進行宣導與通知，避免工程期間發生職業災害或危安事故，因此出席的人員相當多。

我所負責的工作之一，就是要為當天出席的所有人，準備午餐的便當。活動預計

在下午一點開始，所以我特別請廠商在中午時，要把便當送到活動會場。但眼看都超過十二點了，便當卻還沒來，又過了十分鐘、十五分鐘，還是沒有看到便當的影子，於是我著急的打電話聯絡便當廠商，才發現完蛋了，廠商以為我說的中午，是只要在一點之前送到就可以。

這完全是雙方在溝通時，對文字的理解有落差，因為我囑咐便當店「請在中午送達」，而我認為的中午是指十二點，但便當店認為的中午是一點前，所以沒有在十二點時把便當送到，結果當天大家都沒有午餐可以吃，這個教訓我至今銘記在心。

從這個案例中我們可以知道：**人對於文字或語言的理解是很主觀的，只要雙方沒有明確的共識，就有可能發生誤會。**因此在溝通時，具體表達數字或資訊，是提升工作效率、避免失誤的重要關鍵。

POINT

用具體資訊或數字來表達，才能有效避免溝通上的誤會。

02 遇到這七種慢郎中，怎麼逼出他們的快動作？

團隊中只要有一位做事效率低的人，就很容易影響到整體的工作效率，而工作效率不佳的主要原因，大致可分為七種，只要知道症狀是什麼，自然就能對症下藥。

不論哪一種人，都能驅動對方完成任務

當我們的團隊中出現低效率工作者，團隊的工作節奏就有可能被打亂；因此，高效率者會特別留意，如何讓低效率工作者一起前進。第一步，就是要判斷他們效率低下的原因，並且依照不同問題點來對症下藥。原因大致可分為以下七種：

1. 過於完美主義。
2. 無法掌握整體狀況。
3. 搞錯工作的優先順序。
4. 不了解任務內容。
5. 不夠熟悉工作。
6. 沒自信。
7. 工作環境一團糟。

本篇針對這七大原因，提供相對應的處理方式：

1. 過於完美主義

為什麼過於完美主義，會讓效率不佳？因為完美主義者總是想把事情做到滿分，以至於花費過多時間來處理；就連公司內部溝通用的簡單文件或資料，他們也會想要做到盡善盡美才交出去，而忽略了效率問題。

他們常會糾結在自己認為某份報告只有六十分，但是對於其他人來說，其實已經是一份夠用的完整報告了。此時，我們就應該要請這些完美主義者，直接把報告送交出去，如果後續還有其他要補充的，之後再調整即可。

日系企業慣用「報聯商」（報告、聯絡、商量）的方式溝通，但面對完美主義者時，就要改變順序，請對方以「商聯報」（商量、聯絡、報告）的方式完成任務。在一開始的商量階段，先告訴對方，只要提出六十分內容即可，然後隨時聯絡、確認工作進度，最後才是在期限前報告，提交工作成果。只要依照這個流程，就能讓完美主義者減少糾結，大幅提升效率。

2. **無法掌握整體狀況**

當我們無法掌握整體工作狀況時，就好像走在伸手不見五指的漆黑隧道裡，不僅心中不踏實，也不知道應該從哪些項目開始著手。

在職場裡面，「一樣米養百樣人」，有些同事邏輯清楚、反應快、能綜觀全局，只要交代任務，就能迅速、確實完成；但有些同事的反應比較慢、不容易進入狀況，經常交辦了某件事情給他，卻讓他呆立原地、不知所措。

所以，當我們在面對進入狀況比較慢的同事時，最好能主動說明整個工作的輪廓與概況，並詳細解釋目前的工作階段與進展，把他應該要負責的部分，詳細切分出來，進一步與對方一起規畫，減少對方花在進入狀況的時間，以加速工作順利進行。

3. 搞錯工作的優先順序

有些人的工作效率低，是因為他們常搞錯優先順序，總是先解決容易處理的事，而真正重要的工作，卻一直被往後拖延。

與這類工作者合作，就要幫他列出所有待辦事項，並與對方一起共用這份待辦事項清單。雙方一起確認行程安排，也一同討論哪些工作應該優先完成，透過共同討論的過程，讓對方理解工作優先排序的標準。

4. 不了解任務內容

每個人的理解能力都不同，我們無法要求團隊中的每一位成員或合作對象，都做到聞一知十、舉一反三。再加上不同的人，對事情也有不同的理解方式，就算是認識已久的人，對同一件事情也可能會出現不同看法。當理解不同，加上說明不清楚，就很可能產生諸多誤解，例如多做了不必要的事，或該做的事情沒有完成等。

尤其在職場同事之間，或主管與部屬之間，要不懂的人主動提出問題，難免會有顧忌。因此，當自己在分配工作，或交付任務時，一定要主動開口確認：「有沒有哪邊不清楚？」只要多加這句話，就能減少誤解或資訊遺漏，也可以利用這種方式，來引導不懂的人提出疑問、確認工作目標。換句話說，請用「自己說了十分，但對方有可能只理解三分」的態度，來面對團隊工作。

5. 對工作不夠熟悉

有時我們會面對一些對工作還不熟悉的團隊夥伴，例如新進同仁或社會新鮮人，他們對於手邊大部分的工作，可能都還很陌生，所以我們要給予對方一些熟悉與練習的機會。例如在會計方面，要引導他們學習記帳的方式；在電腦操作方面，則要引導他們練習能流暢的打字與輸入。

每天只要多花十五分鐘，讓他們在沒有實務壓力的狀況下多練習，相信過不了多久，一定能發現，對方已經熟悉某些工作，成為我們能信賴的工作夥伴。

6. 沒自信

有些沒自信的人，做起事情來會畏首畏尾，總是擔心自己做不好，只好每一項工作、每一個步驟都反覆跟別人確認「這樣可以嗎？」，如此一來效率也很難有起色。

要幫助這些同事或部屬們建立自信，最好的方法，就是幫他累積成功的經驗。例如讓他們獨力完成會議資料的準備、給予他們在會議中發表意見的機會，或讓他們從頭到尾親自體驗過一次產品開發的過程等。多給予他們一些「只要稍微努力，就能完成」的任務，讓他們一點一滴、靠成功經驗來累積自信，也是提升團隊工作速度的祕訣之一。

7. 工作環境一團糟

工作環境一團亂的人，常常會花很多時間在找東西，只要一缺少什麼，就會馬上停下工作，分心開始翻找，工作節奏自然也就不停的被打斷。面對這種人，大家要時時提醒他們整理，例如，本書在前面章節曾介紹過，「辦公桌上只留與當下工作有關的東西」，就非常適合推薦給他們。如果對方能改善工作環境、減少翻找物品的時間，對團隊整體來說，也是一種幫助。

每一個低效率工作者背後，都有影響工作效率的原因，只要能找對方法、對症下藥，就能解決問題。低效率工作者的能力並沒有比較差，根據不同的性格，找出適合他們的方式，也是高效率者建立高效團隊的祕訣之一。

POINT

對症下藥，低效率工作者也能馬上交出成果。

03

讓部屬自動自發的神奇指令

只要身為管理階層，不論麾下管理多少人，如何提升團隊或部屬的工作效率都是我們永恆的課題。曾經就有一個實驗，試圖想找出工作環境的改變，會對工作效率產生什麼影響。

霍桑實驗的驚人結果

實驗的主導者，是一位精神科醫師梅奧（George Elton Mayo），與一位心理學家羅斯里士柏格（Fritz J. Roethlisberger），他們在美國芝加哥一家名為「霍桑」的工廠中，展開這項測試，因此實驗的名稱，也用這家工廠的名字命名為「霍桑實驗」

（Hawthorne Experiments）。

他們首先從工廠的眾多作業員當中，挑選六名女性作業員來參與實驗。接著，他們先調整工作場所的照明狀況，讓原本光線不佳的環境變得明亮。實驗結果顯示，在明亮的工作環境中，受試者們的工作效率確實有所提升。接著，他們依序調整各項變因，例如：增加休息時間、提高工資、提供點心、維持宜人的室內溫度等。毫不意外，以上所有的調整，都提升了她們的效率。

如果只憑目前所看到的實驗結果，很可能會得出「改善工作環境，有助於提高人們工作效率」的結論。但是，這個實驗還沒有結束。在下一階段，他們開始反其道而行，讓工作環境變得糟糕，例如燈光變暗、休息時間減少、降低薪資、不供應點心、讓室內溫度忽冷忽熱等。

看到這裡，應該有很多人會覺得，讓工作環境變糟，當然會降低工作效率，但實驗結果仍然顯示：**作業員們的工作效率，在變糟的工作環境下，依然呈現正向的提升**。為什麼這些作業員的工作效率只升不降？答案在於這些接受實驗的作業員們，在參與實驗前所聽到的內容：「妳們幾個是從眾多作業員當中，特別被挑選出來的！」、「我們很期待六位優秀作業員的表現！」加上這個實驗，是在公司管理階層與專家學者們的注目下進行，因此，受試者並不是因為工作環境改變，而提升了效率；而是因為感到被期待、被重視，才讓工作效率呈正向提升。換句話說：能提高效率的重點，在於內在情感的變化，而不是外在環境的改變。

團隊的內在情感，影響效率與生產力

第一次聽到霍桑實驗時，讓我想起以前任職某建設公司時，曾發生過的一件事。當時公司內的作業員們，因為效率不佳經常加班，而連日長時間的加班，又讓大家疲憊不堪，導致出錯頻率增加。為了要彌補這些錯誤，只好繼續靠加班來挽救，就這樣惡性循環下去。

此時，公司高層推斷，大家工作效率變差，可能是因為薪水太低，所以決定提高作業員的薪資待遇。調高待遇後，一開始確實可以感受到作業員的士氣回升，但這樣的現象只維持了一小段時間；等大家習慣了較高的工作待遇，效率便開始逐漸下滑，不到三個月又故態復萌，甚至還有人抱怨：「這邊的薪資待遇，跟某某公司比起來還是差了一截。」

為了解決這個問題，公司管理階層決定採行另一種方法。後來發現這個新方法，不僅讓公司的員工士氣變高、速度變快，更讓整體團隊的工作效率都大幅提升。到底是什麼方法？其實，就只是**增加主管到現場視察的頻率**而已。

原先因為擔心視察會影響工地現場的狀況，所以主管們很少踏足工地現場，但是為了找出效率不彰、士氣低迷的原因，主管們毅然決然的將視察頻率從每個月一次，大幅提高到每週一次，而且每次視察工地現場時，不僅會慰勞現場工作人員，還會詢問、聆聽大家對於工作狀況或工作進度，有沒有遇到什麼問題或困難。只要有現場的工作人員反映任何問題，主管們也會立即指派社內的相關單位協助解決。

在視察期間，主管除了盡量不影響大家工作外，還會以開放的態度，接納大家的問題，不會隨意指責或批評。至此之後，工地現場的士氣明顯提升，加班與失誤的狀況也大幅減少。就跟霍桑實驗的結果一樣，只要傳達出「我們很重視你！」的訊息，員工們就會因此受到肯定，工作效率也能得到改善。

我並不知道當時的主管是否曾經聽過霍桑實驗，但整件事情的結果，就跟實驗的結論一模一樣：改變工作環境，對工作效率的影響有限；從團隊的內在情感著手，工作效率才會持續性的提升。但也不是只要提升團隊的內在情感動力，就能不顧工作環境，當工作環境糟糕到某個水準之下，對生產力還是會有巨大影響，例如從事烈日下的粗重工作，卻得不到足以支撐生活的基本待遇等。

我們在這邊所討論的前提是：當工作環境的基本條件都被滿足之後，改善工作環境對提高效率的影響就十分有限；在短時間內或許能起一點作用，但等大家都習慣之後，一切又會回到原點。

想持續提升團隊工作效率，**請一定要記得對部屬或團隊夥伴們，傳達出「我很重視你！」的訊號**。只要透過這個開關，就能讓團隊夥伴們改變心態，激發更高昂的工作情緒，就算不靠實質的利益來引誘，大家也會心甘情願的努力付出。

POINT

透過內在情感激勵，才能持續提升工作效率。

04 開會分四大類，今天的會議屬於哪一類？

職場上最常見的溝通方式，就是開會，但「會而不議，議而不決」的開會方式，正是浪費時間的大魔王！

在公司或企業當中，開會經常被視為是浪費時間，或耽誤工作、造成加班的主因，以至於很多上班族一聽到開會，就直覺認為一點意義也沒有。雖然很多會議開得毫無意義，但不得不說，很多會議確實有必要開。

大家可以想像一下，如果有一家公司或企業完全不開會，也不聚在一起討論或協商公務，大家互不溝通，也沒有密切聯繫，每個人都只朝自以為的目標來執行，完全沒有相互理解，那麼這家公司根本無法進行團隊合作，也無法執行較龐大的計畫或較長期的願景，最後只會變成一群單打獨鬥的散沙罷了，所以，我們確實需要開會溝通，問題在於執行方法。

在說明會議的執行方法前，我先依照目的，將會議初步分成四大類：

1. 告知訊息。
2. 需要腦力激盪、創意發想。
3. 有所決議。
4. 樹立個人威信。

只要先分清楚我們所參加的會議屬於上述哪一種，就能有效溝通、減少浪費時間，創造出讓所有與會者都滿意，也能順利達成目標的有效會議。

接下來，我們將分別針對這四種不同的會議類型，說明如何有效提升會議效率、達成目的的方法。

1. **告知訊息**

顧名思義，這類會議是為了布達某些特定的業務內容或策略方針，因此目的著重於「布達的內容為何」。

如果是重要性不高的會議內容，例如調整會議室的使用辦法、通知同仁春節的休假期間等，其實並不需要特別召集大家來開會，只要用電子郵件寄給大家即可。如果要布達的內容，可能會嚴重影響大家，或重要性極高，例如因公司業務縮減，需調整薪資待遇，或組織架構調整，需要削減人事成本等，因為對大家造成的影響極為重大，就有必要當面向大家說明。

像這類會議，**首要釐清內容是屬於發送郵件、口頭告知即可，還是必須開會當面說明**。如果是前者，則不需要特地開會。

2. **腦力激盪、創意發想**

有一陣子非常流行腦力激盪、創意發想的會議，為了在會議中獲得最多的創意，還會特別在議事規則裡，規定可自由發言、想法不設限，以及不能否定別人意見等原則。像這類型的會議，如果要加快速度，重點在於，**事先讓與會者都明白會議主題**。

如果等到會議開始，才把主題告訴大家，大家腦袋裡肯定一片空白。畢竟真正的好點子，怎麼可能說出現就出現，沒有事先蒐集資料或醞釀，前半場會議很容易就在一片沉默中被浪費了。所以，為了讓會議能產出足夠的創意與想法，請記得在開會之前，就先把主題告訴大家，並請大家預先準備，以免浪費團隊時間。

3. 有所決議

除非公司裡的大小事，都是老闆一個人說了算，否則公司或企業在運作時，一定會有許多重要議題，需要大家經過討論來決議。

像這種會議的重點在於，**事先告訴與會者，會議中要決議什麼事項**，讓大家可以有時間先行討論研究，以免在會議開始之後，才針對議題來理解，會讓整體會議時間被拖得很長。

此外，要透過會議來產生決議還有一個重點，那就是，要有能做出決定的關鍵人士參與。所以在召開會議之前，要先判斷「這個議題，有哪些人是一定要參與制定決策」，避免能做決定的人不在會議中，來參加的都是一些無關緊要的角色，平白浪費了時間，也浪費了開會成本。

4. 樹立個人威信

有時我們在公司或企業中，難免會遇到一些無意義的會議，例如老闆或某些主管，純粹為了彰顯個人地位、樹立個人威信，有事沒事就召集大家來訓話。

像是每週一一大早，就集合全體員工來聽他講話；或是業務人員在外面跑外勤時，臨時被召回開會，但會議內容卻言不及義，平白無故的讓員工疲於奔命；再不然就是上班以外的時間，還非要大家集合在一起，說是為了凝聚向心力，但增加的只有大家的精神壓力。像這樣的公司主管，或這種無意義的開會方式，都是開會被汙名化的原因之一。

只要認真思考「真的有必要開會嗎」，這一類無異議會議就會消失。

如果工作上常遇到類似情況，不妨向更高階的主管反映，或透過匿名意見箱表達意見，「因為有其他更重要的工作需要辦理，無法參與○○會議，希望可以改用郵件通知」。

經過以上四種會議類型的說明，大家應該就能知道，無論自己是會議召集人，或是與會者，想要提升開會效率、減少浪費時間，最好先判斷會議的種類，並找出應對方式。

就算自己不是會議主辦人，也可以事先向召集人反映，「希望能在會議前，告訴所有與會者會議的相關議題」，甚至面對一個沒有出席必要的會議，也可以事先告訴會議主辦人，自己因為有其他業務或行程，所以無法參加會議等，也都是節省時間的好方法。

兩個關鍵，高效開會

如果自己是會議主辦人，在會議開始前掌握兩大關鍵，可以讓與會者產生共識，提升會議的效率。

第一，會議開始時，先**宣布開會的目的**，例如，「今天這場會議，是要針對〇〇議題做出決議」；第二，告訴大家**本次會議預計結束時間**，藉此加快討論的速度，避免將時間耗在會議的閒聊中。

做事效率高的人，會先辨別會議類型，並根據不同類型，來安排對應方式與參與的人選等。但做事效率慢的人，則總是用同一種態度來面對所有會議，不僅在會議之前疏於準備，甚至挑錯參與人選，以至於開了一個無效會議，既浪費時間與成本，更是毫無工作效率可言。

POINT

正確辨識會議的種類，用相對應的方式來提高開會速度。

05 指導部屬要就事論事，不能語言暴力

為了讓團隊能有所改善、成長，有時需要給予嚴正的指導，但如果指導方式過於粗暴，很可能就是一種詆毀人格的職權霸凌。

為什麼社會新鮮人撐不過三年？

在日本的就業職場上，曾流行過一種說法：「社會新鮮人在進入公司之後，三年內向公司提出離職的比率，國中學歷占了七成、高中學歷占了五成，大學以上學歷則占了三成。」這種現象又被稱為「七五三現象」。姑且不論這些職場新鮮人的學歷為何，為什麼在「三年」這條門檻上，會折損這麼多新進員工？對於好不容易錄取新鮮

人的公司或企業來說，都已經投入了培訓資源與成本，而在這些新鮮人即將成為公司的戰力時，卻讓他們擁有離職的念頭，無疑是公司的一大損失。

對於職場新鮮人而言，這也是一件很可惜的事，畢竟工作才剛開始熟練，也正要發揮自己的能力、一展長才時，卻落得離職的下場，心中應該也是千百個不願意。究竟是什麼原因，造成他們離職？大部分人都回答：職場上的人際關係。

職場中的人際關係對許多人來說，都是影響職涯規畫的主要原因。畢竟職場與校園不同，我們在學生時代，身邊都是年齡相近、價值觀相仿的同學朋友；但出了社會，遇到的人們不只年齡各異，性格、能力與價值觀更是南轅北轍，相處起來要注意的眉角也更多，這對於剛出社會的人而言，人際關係的處理一定不輕鬆。撇開黑心企業壓榨勞力、微薄待遇等糟糕的工作環境，在一般公司或企業當中，其實也不難想像，人際關係成為社會新鮮人離職的最後一根稻草。

我曾經在企業單位所舉辦的「新進同仁培訓營」，以及工商協會所主辦的演講活動中擔任講師，當時我告訴臺下聽眾：「如果你因為職場上的人際關係而想要離職，請先用以下兩點作為你的判斷基礎。第一，讓你想離職的原因，是因為你的前輩或主管詆毀你的人格嗎？第二，主管就事論事檢討你的工作，只是聲音大了點？」

指導要就事論事

前者所說的詆毀人格，大概是像：「你動作也太慢了吧！你爸媽沒教你怎麼快一點嗎！」、「才剛說完就忘記！你金魚腦啊？」這些羞辱人格的難聽話，我在以前公司都曾遭遇過，而長期遭受語言暴力，最後也成為我離開那間公司的主要原因之一。

至於後者，則是指職場上的某些主管，他們對於工作或細節要求的比較嚴謹，對於商業禮儀、電話應對、報告方式、帳簿記帳的流程等，都有嚴格規範。當我們還是職場新鮮人時，遇到這種主管，多半會覺得「有夠龜毛、超麻煩的、實在很囉唆」，但日後想起時，則會不禁感謝，「多虧當時前輩（主管）的指導，才讓我奠定了扎實的工作基礎」。我也是多虧了許多龜毛又囉唆的前輩、主管，才學會成熟工作者所應具備的專業、態度與工作流程。

所以，我要告訴所有職場新鮮人：「如果在工作環境中，遇到會羞辱人格的同事或主管，那這種環境沒什麼好留戀的，就算離職也沒關係。但如果大家只是就事論事的討論工作流程或細節，就算過程中比較龜毛或嚴謹，也一定要逼自己撐下去，好好向對方學習，一定會很有收穫。」這也就是我在前段所說的，「是否要為人際關係而離職」的主要判斷標準。

如果你已經是主管或前輩了，不要以為自己位階比較高、資歷比較深，就用詆毀人格的說話方式，羞辱你的團隊或部屬，而是要就事論事，讓團隊或部屬在改善中，獲得學習與成長的機會。訣竅就是，**以引導或詢問代替責罵**。與其指著對方鼻子問：「搞什麼？」不如嚴肅的問對方：「怎麼處理會更好？」例如，對方沒有準時完成工作，這時去指責對方：「為什麼沒有準時完成？」不如改問對方：「要怎麼樣才能準時完成？」因為一般人聽到「為什麼」時，都會覺得自己被質疑、被否定，而變得畏縮；但如果改用「該怎麼處理」的方式來溝通，就能引導對方思考，尋找解決方案。屆時，主管或前輩們只要針對解決方案，給予經驗指導或改善建議，就能帶領對方一起學習成長。

POINT

與其指責對方為什麼沒有準時完成，
不如改問對方：「要怎麼樣才能準時完成？」

第四章

利用PDCA循環，讓團隊高效運轉

01 每人每年花一百五十個小時在找東西

在滿是雜物的辦公桌上尋找釘書機；在滿是資料的文件櫃裡，翻找之前經手過的契約書；在堆滿資料夾圖示的電腦桌面中，找一份去年曾經做過的檔案……。

是否有人曾思考過，一整年之中，我們**浪費多少時間在找東西上**？根據日本大塚商會的調查，答案是**平均每人每年高達一百五十個小時**。

如果用一整天的工時為八小時來計算，一百五十個小時就是十八天、將近十九天，如果把這十八天均攤到每年的工作天數兩百五十天，等於每天光是找東西，就花了三十六分鐘（一百五十個小時×六十分鐘÷兩百五十天）。幾乎可以說，我們每天把三十六鐘、每年把十八天以上的工作時間，都丟進水溝裡。

再用另外一種方式來換算。一般而言，在日本要取得「日商簿記三級」的證照，所需學習時間約是五十個小時；而更進階的「日商簿記二級」證照，所需的學習時間則約為一百個小時。如果把我們剛剛所說的一百五十個小時，用在準備考證照上，已經足夠我們拿到「日商簿記三級」與「日商簿記二級」兩張證照了。

換句話說，只要我們把找東西的時間，每天控制在六分鐘以內，我們每天就能多出三十分鐘可利用，這可以讓原本要加班到七點的人，六點半就能離開，而原本要加班到六點的人，五點半就能準時下班。如果整個團隊當中的每個人，每天都能省下三十分鐘找東西，整個團隊的工作效率，肯定會出現驚人的變化。

回到我先前曾經說過的，我在辦公桌上只留與當下工作有關的東西，其他非必要的雜物，全都收到看不到的地方。學會簡化工作環境，就能減少找東西的時間。

我以實際情況來說明。如果團隊中分別有A、B兩位成員，A像我一樣，工作環境單純，不用花時間找東西，每天都能準時下班；B則是工作環境一團亂，每天都缺這個缺那個，以至於耽誤工作的時間，每天都要加班，才能完成手邊工作。即使A、B兩人每天完成的工作量都相同，公司也要為了加班的B，額外支付加班費與辦公室的電費等成本。所以，提升團隊效率最好的方法，就是讓大家都變成不浪費時間找東西的A。

東西少就不用找，間接提升團隊生產力

前面說找東西是影響團隊效率的凶手，原因是除了浪費工作時間，還會打亂團隊的工作節奏。

當大家已經切換成工作模式，全神貫注手邊的工作，此時，只要有某個東西找不到，哪怕只是停下幾秒尋找，工作節奏與專注力都會被打斷。就像主管臨時需要某一份資料，我們卻無法立刻做出來給主管，當下一定很焦慮，也會因此倍感壓力，影響做事節奏。

那要怎麼樣，才能不再找東西？最簡單的方法就是減少物品。例如，當我們想從文件櫃上找一份資料，如果櫃子上只有一個資料夾，就能很快找到；如果文件櫃上滿滿都是資料夾，甚至連倉庫也堆得到處都是，我們只能抽出來一個一個確認，那得花上多少時間？又或是資料夾看似不多，但每個都長得很像、命名也很接近，甚至還有

一些沒有名稱、未經整理的文件，這些找起來也十分令人傷腦筋。而只要簡化工作環境、減少雜亂的物品出現，就能輕鬆擺脫找東西的煩躁感。

那要如何減少不必要的物品？第一步就是先整理。

團隊成員當中有各種職位、各種年齡，負責業務也不同，如果只由其中幾個人來負責整理，會因為無法把整理的邏輯與規則，有效分享給大家，導致團隊可能還是需要花時間找東西，所以整理時，最好**敲定一個大家都有空的時間，整個團隊一起動手做**，大家才會知道收納原則，整理起來最有效率、效果也最好。

POINT

不想浪費時間在找東西上，最好的方法是讓大家一起簡化工作環境、減少雜物！

02

文具分層分類，資料夾定期整理

我在前一節告訴大家，根據調查報告，每天平均有三十六分鐘的時間，浪費在找東西。那到底都在找哪些物品？我排出了前三名的種類，分別是：

1. 在辦公桌上找文具。
2. 在文件櫃或倉庫找文件資料。
3. 在電腦中尋找需要的檔案。

依照這三大類，接下來我們要告訴大家有效的應對方法。

1. 在辦公桌上找文具

消滅這件事情的第一步，是先將抽屜內的所有文具拿出來放在桌面上，接著分成以下四大類：第一類，每天都會用；第二類，每週或每月偶爾會用到；第三類，團隊共用的物品（例如公司提供的筆、郵票或信封等）；第四類，該丟掉的東西。

大部分的辦公桌，第一層抽屜都附有擺放文具的收納格，請大家善用這個收納格，放置使用頻率最高的第一類文具；接著，將使用頻率次高的第二類文具，放在第一類文具收納格的底下。依照使用頻率分類擺放，越常用的，要放在越容易取得的位置，不要什麼東西都塞到第一類的收納格裡。

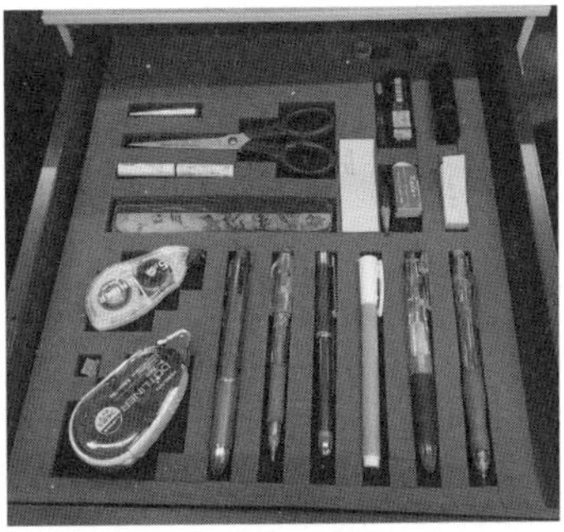
5s 管理墊，輕鬆找到文具。
圖片來源：delica-yamasaki。

我不喜歡打開抽屜時，文具在抽屜裡滾來滾去、變得亂七八糟，所以會特別購買一片類似海綿材質的薄墊（5s管理墊），然後在薄墊上裁切出各種常用文具的形狀，例如剪刀、直尺等，再把薄墊放進抽屜的收納格，用來固定相對應的文具，如此就不會因拉動抽屜，而改變常用文具的位置。至於第三類的共用文具，如果發現有已經不能使用的，和第四類的一起丟掉；至於其他還能使用的共用文具，則放入團隊的共用空間即可。

只要經過分類處理，就能大幅減少散置在辦公桌上的文具數量，同時也能讓自己隨時取得所需文具，不用東找西找、打亂工作節奏。

2. 在文件櫃或倉庫找文件資料

只有必要的文件資料，才予以保留，例如，正本公司章程或公司登記資料等。除此之外，**都以一年為標準來判斷該留或丟掉**。

所謂以一年為標準，是指「**在這一整年當中，是否曾用過這份文件？**」如果答案為否，就勇敢丟掉它。如果丟掉這份文件會讓你擔心有天會用到，就花點時間掃描成電子檔，並保存在電腦裡，以備不時之需。

記得我之前的公司搬遷時，也曾有過這樣的情況。當時因為事務所搬遷到新地址，新處所的倉庫比舊址要小得多，原有的倉庫文件只能保留三分之二，不然新處所的倉庫會不夠放。於是，我就利用了前面所說的「以一年為標準」，把超過一年未使用的文件全部丟掉，結果最後剩下來的文件數量，比預想得還要少，只保留了三分之一左右。

把用不到的文件都處理掉，如果不確定用不用得到，就先掃描成電子檔，如此就能大幅減少尋找文件資料的時間，也不用在堆積如山的資料夾中，找尋那份真正需要的文件。

3. 在電腦尋找需要的檔案

將紙本轉成電子檔存在電腦裡，電腦中的資料勢必會越來越多，就像許多人的電腦桌面，被各式各樣的資料夾與應用程式所占滿。又例如雲端的網路硬碟，或團隊共用的資料夾，如果沒有設定好存檔與檔案的命名規則，大家七手八腳的把檔案丟上去，哪怕是虛擬的網路空間，也會雜亂到找不到檔案位置。所以電腦檔案資料，一樣也需要整理。

基本上，在整理數位資料時，做法與整理實體文件一樣，可以先分為「非留不可

用樹狀資料夾，將檔案分類保存

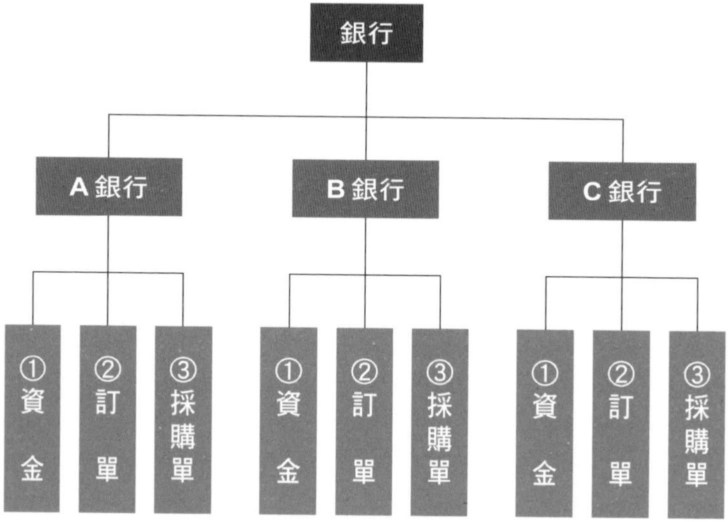

的重要檔案」，以及「已經用不到、可刪除檔案」。至於有些「留下無用、棄之可惜」的數位資料，像是當初花了很多時間、設定了很多公式與函數才做出來的試算表，總覺得以後製作類似的表格時，可以參考。像這一類的檔案，我們可以**在桌面上建立一個暫存資料夾來存放**，每半年檢查一次，只要發現用不到了，就能馬上刪除。暫存資料夾的好處在於，我們不用糾結在要丟或要留，可以加速整理工作，而且把這類檔案都放在一起，也方便我們日後再次確認。

至於非留不可的重要檔案，先依照文件或檔案的類別與屬性，用樹狀圖的方式，分層規畫不同的資料夾，再將文件與檔案分門別類、歸檔保存。例如，要存放與銀行相關的資料時（見上頁圖），先新增一個名為「銀行」的資料夾在最上層，接著在第二層，依照往來銀行的不同，分別開設A銀行、B銀行，與C銀行的資料夾，最後再依照不同的檔案類別，在A銀行底下，新增資金調度表、訂單明細表、採購單的PDF檔等資料夾。只要將所有檔案與文件，分別放入相對應的資料夾中，即可方便搜尋與存取。

此外，大家要養成定時整理電腦桌面的習慣；在檔案命名上，也要花點心思來制定好辨識的命名規則，例如，檔名加入方便識別的關鍵字，就算名稱變超長也無妨，或是在檔案或資料夾名稱加入日期資訊等，都可以有效縮短尋找檔案的時間。

POINT

盡量減少桌面文具、文件資料、電腦檔案與資料夾的數量。

03 使用完畢，物歸原位

大家是否曾有過類似的經驗，在公務或社交場合要交換名片時，對方拿著名片的手已經遞出來了，但自己摸遍全身上下，就是找不到名片，此時是不是又焦急又尷尬？要避免類似狀況發生，方法非常簡單，**只要先把名片或要使用的東西，都放在固定的位置就好**。

以我來說，我的名片夾會固定放在公事包的內袋以便拿取，在拜訪客戶或有可能會用到名片的場合，我會預先把名片夾從公事包中拿出來，放到西裝的內側口袋，當我要交換名片時，就不用東找西找，也不會讓對方久候。而在回到公司之後，我會把名片夾拿出來，把客戶的名片收好，再補充足夠數量的個人名片，以備下次使用。

創造一覽無遺的收納空間

辦公空間的收納與整理，也是相同概念。我在前面分享過我整理文具的方法：把每天會使用到的文具，固定放在辦公桌最上層抽屜的收納格裡。說更詳細一點，這些每天會用到的文具，只有四色原子筆、自動鉛筆、橡皮擦、黃色螢光筆，以及十八公分的直尺而已。

預先規畫好所有物品的收納位置，讓每一件東西都有固定擺放的地方，在需要時，就不用額外花時間尋找。這個概念也適用於團隊共用空間——預先召集團隊人員，決定好物品的收納原則與擺放位置，並擁有「使用後物歸原位」的團隊共識。像我在上課的補習班，包括剪刀、釘書機、印泥等共用文具，都有預先規畫好放置點，需要使用時，只要到該處取用，就一定能拿到，不用額外花費時間找。

把所有物品都依照一定的邏輯與規律來收納，更可以創造出任何人都一覽無遺的環境，減少詢問與回答的溝通成本。例如，我常去的某家牛丼店，會在固定的位置貼上調味料的標籤貼紙，讓客人一眼就看到醬油、唐辛子、佐醬的擺放位置，店家也不用特別提醒，客人自然會在使用完調味料後歸位，如此也減少店家另外派人把調味料放回原處的時間。

雖然把調味料歸位，或提醒客人調味料的位置，都只要幾秒的時間，但把這些細碎的時間累積起來，就會發現可運用的時間變多了。

如果沒有讓所有人都知道物品的固定擺放位置，以剛剛牛丼店的例子來說，情況就會完全不同。比如客人在使用完調味料之後，因為不知道店家的固定歸位方式，就會依照個人的習慣或直覺來擺放。等下一位客人要使用時，就得另外詢問店家，或店家要在客人離開時，額外派人力去把調味料放回原位。**預先規畫好所有物品的收納位置，可以讓東西自然物歸原位**。在多人使用的共用或公共空間中，也要讓大家都能知道物品收納的邏輯與規律，才能維持整體空間的整齊。

讓團隊清楚理解收納與歸檔方式

把前面的概念應用到團隊工作中，我們就可以延伸出，實體文件或資料等，要依照使用頻率來規畫收納位置，越常用到的東西，越要放在容易取得的地方，並且要讓大家對「使用完畢，物歸原位」這件事有共識。如此一來，當某物不在某處時，大家就會知道「應該有其他人正在使用」，只要等對方用完歸位即可，不用再額外花時間找或詢問他人。

團隊所共用的數位雲端空間也一樣，事先讓整個團隊都知道規畫好的樹狀資料夾架構與歸檔原則，大家就能按照規定把檔案儲存歸檔，不會散放在雲端空間中難以搜尋。

POINT

創造一覽無遺的團隊共用空間，讓大家可以立刻判斷東西仍在原位，還是有人正在使用。

04 數位訊息怎麼整理？馬上回、馬上刪

數位化的網路時代，資訊取得的便利性大幅提升，不用跑到圖書館查資料，網路上的資訊應有盡有；不必動手整理筆記、做剪報，想保存什麼資訊，「剪下、複製、貼上」，就能儲存在各種數位工具裡。

就連溝通，也因為數位化的緣故，變得無遠弗屆，以前要刻意排出時間約見面，或空出時間用電話聯絡，現在只要傳封電子郵件，或打則訊息就能傳遞資訊，甚至只要在社群平臺發個文，瞬間就能讓全世界都知道。

電子郵件的優點相當多，讓我們有各種管道，可以聯繫到行程滿滿的大忙人；也可以用附件或附加檔案的方式，一次傳送大量的文件資訊；更可以用郵件副本，同時把資訊傳送給許多人，而且每一筆往來資料都會留下紀錄。

你是不是也被電子郵件或訊息綁架了

但數位化也會帶來一些後遺症，我們經常一不小心，就被這些數位化的便利性所綁架，甚至影響到工作速度。例如，原本只是想在網路上查詢一筆資料，但不知不覺中，就在茫茫網海中迷失方向，閒逛了好幾個小時，連不相關的資料都看完了才回神。又或者是，以前不靠信件或電話，就聯絡不到遠方的朋友，但現在因為有了電子郵件，傳遞訊息變得很方便。不過，有時除了朋友之外，一些不怎麼熟的人也會找上門，不得不應付。

我們應該要如何善用電子郵件，才能掌握數位工具的優點，有效完成工作呢？在此提供我所研究出的八點建議，與大家分享：

1. 定好每天檢查信箱的頻率與時間

以我來說，我每天會跟自己約定好四個時間點，用來確認信件、回覆訊息，包括每天早上一進公司時、下午一點、下午三點，以及下班前。但每個人的業務屬性，與職位性質不同，有些人因為需要聯絡客戶、討論業務，每天只看四次實在不夠；而有些人，例如社會新鮮人，因為手上業務不多，沒有什麼人會聯絡，就算點開郵件，也沒有什麼新資訊；又或是有時當天有特殊狀況，需要即時待命、等重要客戶聯絡等。大家可以依照自己的需求，調整確認郵件的頻率與時間，就不用隨時感到緊張，深怕錯過訊息而反覆確認，反而被郵件與訊息所綁架。

2. 把緊急郵件留給工作的空檔

如果已經約定好確認信件的頻率與時間，但心裡還是怕遺漏臨時出現的緊急、重要訊息怎麼辦？

還記得之前曾經介紹過的番茄工作法嗎？當時我把它調整為適合職場的「十五分鐘工作法」，那個用來喘口氣的一分鐘，就可以拿來確認緊急郵件或回覆重要訊息。因為這套工作法，把每一個小時，都切分成幾個十五分鐘，所以我們在每小時，都會有一到五分鐘的工作空檔。此時，只要先大致瀏覽信箱訊息，把郵件進行初步分類，只回覆緊急或重要郵件即可，其他都留到表定的處理時間再回覆就好。

3. 點開郵件就立刻處理

一般來說，在點開郵件之後，我們會有三種處理方式：馬上回信、馬上刪除、先擱置，之後再決定。

原則上，先盡可能讓自己做到馬上回信或馬上刪除，如果真有什麼無法立刻處理的信件，或手邊有其他更緊急、更重要的任務得優先處理時，也要安排好回覆這封郵件的時間，以免每次點開，每次都沒有處理，或是放著放著就忘記等狀況。

4. 中午前只處理重要性較高的郵件

每天的中午之前，是我們精神比較好，專注力也比較高的「黃金時段」，應該用來加快工作進度，所以你可以先快速瀏覽郵件主旨，如果不是重要性較高的郵件，都先放到下午再處理，不要把寶貴的黃金時間，用來處理不重要的郵件訊息。

5. 內部溝通用的郵件訊息，可省略不必要的步驟

有些郵件只是內部溝通用，則可以預先訂定規則，省略掉一些不必要的步驟，以

加快團隊工作的效率。

例如，我就規定自己事務所的同仁，凡是內部溝通用的郵件，都省略問候語；而且信件重點，更要在主旨直接敘明，尤其是緊急資訊。問候語雖然是職場禮儀，但不論是對寄信人或收信人，都是浪費時間，大可省略。

6. 複雜內容，直接用電話溝通

有些待溝通的訊息內容較複雜，如果仍然堅持使用電子郵件，恐怕得花上長篇大論才能完整說明，這不論是對寄信人或收件者來說，都會造成表達與理解上的困難。

此時，不一定非得用電子郵件或訊息來溝通，可以靈活選擇各種方式，例如電話聯繫、召開視訊會議、實體開會當面說明等。

與其花上大把時間在郵件或訊息上來回說明確認，不如打一通電話，一分鐘就能讓對方清楚理解；又或是在某些需要道歉的場合，與其在那斟酌字句的寫道歉信，不如當面向對方致歉，這樣更能展現誠意。

7. 關閉訊息通知

不要讓電腦或手機的郵件與訊息通知打斷注意力。為了可以全神貫注的處理眼前工作，最好關閉郵件或訊息通知，以免工作中不斷被打擾。

8. 回信時間控制在十五分鐘以內

當我們約定好處理郵件或訊息的固定時間與頻率之後，也要約束自己，每次回覆郵件與訊息的時間，最長不可以超過十五分鐘，以免不知不覺花費太多時間在這件事上，拖累了整體工作效率。這是很多人在處理郵件時，最容易忽略的事。

我這個十五分鐘的設定，與進化版番茄工作法有關，也是逼自己在十五分鐘內，盡量回覆完所有郵件訊息，避免耽誤其他工作進度。萬一十五分鐘到了，郵件訊息還沒回完，我會替自己再延長三分鐘來處理郵件，但這三分鐘就會被我視為是「損失的時間」，得想辦法從其他地方補回來。

除了以上這八個重點之外，還有一些提升郵件訊息處理的小技巧，例如，取消訂閱沒在看的電子報或DM，或為郵件設定範本或簽名檔等，都可以用在個人或團隊的郵件訊息處理上，讓大家可以盡情享受數位化的便利，又不會因為數位焦慮而浪費太多時間。

POINT

帶著團隊落實處理郵件的八大重點，共創更有效率的時間運用！

05 空有目標還不夠，要有期限和數字

「我想要減肥！」、「我想要取得行政書士（按：日本特有職業，可代替民眾或外國人申辦各項政府業務）的資格！」、「我想要增進英語會話能力！」每個人心中都有各種不同的目標與計畫，但這些目標如果沒有加上確切的時間，人就很難去付諸行動，就算偶爾心血來潮的開始做一點什麼，最後也多半都是「三天打魚，兩天晒網」，很難往前推進。這些缺乏行動力、總是三分鐘熱度的人，大都有一個共同點——他們只有目標。

為了避免大家誤會，我必須特別說明，有目標並不是壞事，**真正的問題在於，不能只有目標**。

像「我想要減肥」、「我想要取得行政書士的資格」、「我想要增進英語會話能

力」，這都是只談目標而已。**想達成目標的背後「目的」究竟是什麼**？例如「瘦下來之後，想要做什麼？」、「取得行政書士資格後，想要做什麼？」、「英語會話能力變好之後，想要做什麼？」這個最後的目的，也就是我們心中強烈的期望，是促使我們前進的動力來源。

如果減肥成功，「我想穿上合身的禮服出席婚禮！」如果取得行政書士的資格，「我想要自己創業，創造一份不必退休的工作！」如果英語會話的能力變好，「我想跳槽去外商，到海外大展身手！」上面「」中的內容，就是我們的目的。

只有目標的人，在面對低潮或困難時，很容易感到挫敗、沒有動力繼續前進、輕易就想放棄，但如果能將目標與目的結合在一起，那心中強烈的期望，就會成為原動力，讓我們願意繼續堅持、努力。

除了目的之外，我們的**目標最好包括具體的「期限」與「數字」**，才能產生更強大的行動力，例如：「在六個月後的結婚典禮前，我要瘦下十公斤！」

與團隊共享四個要素

在團隊工作上也是如此。如果想要激發團隊動力，就不能只是含糊訂出目標，而是要把目標背後的目的，以及具體的期限與數字，分享給每一位團隊成員。只要**讓團隊共享目標**、**目的**、**期限**、**數字**這四個要素，就能**提升團隊整體的工作效率**，讓大家能朝著同一個方向努力，以「我為人人，人人為我」（One for all, all for one）的共同信念，攜手往目標來衝刺。

當團隊在達成目標的過程中，萬一發生臨時性意外狀況，團隊成員也能用這四個要素當作判斷基礎，不用每一項工作都詢問主管的意見。這四個要素，就是團隊行動的準則，讓每一位團隊成員都能像領導團隊的人一般，做出符合團隊需求的行動。

例如，某工廠在廠區內各處，都標示了「安全第一」、「利潤第二」，當工期有所延誤、無法如期完工時，大家就會捨棄「反正利潤不高，就草率的完工結案吧」的選項，做出「利潤雖然重要，但公司把安全放在第一位。所以不能草率施工，而忽略安全」的判斷，以求跟公司的目標一致。

在你所身處的職場中，是否也會跟團隊一起共享目標、目的、期限、數字這四個要素呢？

POINT

共享目標、目的、期限、數字四個要素，讓團隊目標一致，自然就能提升動力。

06

就算主管不在，部屬自動自發不擺爛

我大概是在三十年前踏進職場的，當時，大家都認為工作要靠偷師來學習。想學什麼專業，就先在旁邊偷看前輩們怎麼做，又因為那時電腦還不普遍，整個團隊只有一部共用的電腦設備，所以我們這些新進員工，就要幫主管或前輩們打字或製作文件檔案等，有時也要負責傳真、影印文件等雜事。而我們這些新人，就會從這些經手的庶務與大量文件中，偷偷觀察學習主管與前輩們，是如何處理召開股東大會，或撰寫會議紀錄等業務。

加上當時辦公室的氣氛也比較活絡（跟現在只有打字聲的安靜氛圍完全不同），我們會一邊偷聽主管或前輩們跟客戶溝通的方式，學習如何應對客戶；再不然就是透過前輩被主管電爆的過程，偷偷記住哪些事情應該要小心避免。當時就算沒有人手把手的教，我們也會多看多聽、依樣畫葫蘆的學習模仿。

工作靠偷師學會，已經是過去式

但現在的工作環境跟以前大不相同，每個人都有自己專屬的電腦，不論製作文件或溝通往來，都能在自己的電腦上完成，就連跟客戶溝通，也改用郵件或訊息，鮮少使用電話聯繫。更不用說，在重視個人權益的時代，主管或前輩們，已經很少當眾對著部屬大小聲，以免被說是職場霸凌。以至於今天就算看著主管與前輩們的背影，也很難偷學到什麼事，偷師學藝幾乎不復存在。

這絕不是要倚老賣老的說以前有多好，而是要提醒許多主管與前輩們，時代已經不同，如果大家還指望新人自己偷師自學，而不積極指導部屬，那不論花再多的時間，也無法期待他們學會什麼，自然就無法委以重任，整個團隊的工作能力與效率就會越來越糟。

用「PDCA」讓團隊高效運轉

那我們應該怎麼做呢？想讓新人盡早熟記工作及業務，成為團隊的有效戰力，就需要共享團隊之間的工作內容。也就是說，必須讓大家理解，每個人各自正在做些什麼。我建議在團隊內執行ＰＤＣＡ，其方法與步驟如下：

1. P（Plan，計畫），開早會

由團隊領導人負責，固定在每天的一早召開早會。會議中，團隊成員需要各自說明當天預計的工作安排，例如什麼時候、要做些什麼等，團隊領導人則可以參考以下方式來進行調整：

- 如果某位成員的工作量偏多，需要加班才能完成，則將他的部分工作分配給其他人。
- 如果有某位成員在報告時，表示會先做某項比較不重要的工作，則告訴他如

何調整，讓他能先處理優先順序較高的工作。

- 掌握團隊每一位成員的工作量，並盡可能平均分配。
- 提前告訴大家主管的行程與安排，例如何時會公出或有什麼差旅行程等，以方便團隊安排工作進度報告，與文件呈核的時間，避免發生「因為主管不在，導致無法用印、延誤工作進度」等狀況。

2. D（Do，執行），開始工作

早會結束後，大家依照所報告的內容，各自開始執行今天的工作。

到這個階段為止，我相信平常就有進行「早會↓工作」的團隊應該不少，但後面兩個「查核與行動」的階段，恐怕就比較少人知道。

3. C（Check，查核），檢視工作成果

要檢視團隊當天的工作成果，免不了要再開一次會，而這場會議，可以固定安排在每天下班前三十分鐘。檢視工作成果的會議，不是要向大家究責失誤或延宕，而是想透過團隊所回報的工作進度或執行困難，作為下次可以改善或調整的方向。

4. A（Action，行動），改善並運用於隔天的工作中

「查核」與「行動」這兩個階段要同時進行。例如，A同事在早會時說，「某重要工作會在下班前順利完成」，但最後卻需要再加班一個小時才能做完。此時，就可以在會議中檢視問題發生的原因，並提出改善方法。

如果A同事是因為中午臨時有客戶來訪，那下次又發生類似的事情時，或許可以安排時間上比較充裕的B同事，來幫忙接待突然到訪的客戶；又或是C同事與D同事因為資金調度的業務而忙得不可開交，或許明天開始就由E同事來幫忙接聽電話。

像這樣檢視團隊的整體工作狀況，並提出明天可實際執行的改善方法，藉由一次又一次的PDCA循環，來平衡團隊整體工作量，也讓彼此之間可以相互支援，避免各做各的、不知道彼此在忙什麼的狀況。團隊就能在共享工作中彼此學習，甚至新人也能藉由這個方法，學會前輩們的工作方式。

至於外勤業務比較多的團隊，如果很難每天早晚開會，或許可以從一週三次開始，或藉由線上會議及郵件會議等方式來進行。

所謂的管理職，就是負責管理的職位。如果擔任課長一職，就必須掌握整課成員的工作內容；如果是擔任部長一職，就必須掌握自己部門成員的工作內容。如果連團隊或部屬的工作動態與業務都不清楚，那根本無法進行實質、有效的管理。所以大家務必要善用PDCA循環，掌握團隊成員的工作狀況，藉此提升整體的工作效率。

POINT

全員一起執行PDCA循環，成為效率最佳的工作團隊。

第五章

沒做過的事，怎麼馬上交出成果？

01 創意工作多半與邏輯有關

為了想出一個好點子，有些人抓破腦袋也擠不出半點靈感，有些人卻能文思泉湧、信手拈來。有沒有什麼能讓創意源源不絕的方法？

我通常會把需要花腦力思考的工作，稱之為創意工作。這類工作的性質，與每天固定的例行公事不同，需要額外的醞釀與發想。例如，提出一份企劃書給客戶、送交一份報告給主管、在某一場會議中提案簡報、整理某一場會議紀錄、發想商品的宣傳介紹、編輯或替社內刊物撰文、匯總每天的工作及業務日誌，或寫一封道歉信或感謝信給顧客等，甚至連經營自己的部落格、電子報等，都是屬於創意工作。

從上述例子中，我們可以發現，創意工作幾乎都與書寫邏輯有關。畢竟書寫的目的，大都是為了把自己的想法或概念，用文字的方式與他人溝通。因此，能快速達成溝通目的的人，就會被認為是高效率創意工作者；書寫產出的速度快慢，將會影響工作效率。

如何高效輸出創意，就是第五章要跟大家分享的重點。

改變環境，吸收創意

首先我們要知道，沒有足夠的素材輸入，就沒有創意可以輸出！所以那些擁有豐沛創意，可以源源不絕提出想法的人，一定平常就廣泛吸收各種素材，而那些老是感嘆自己沒創意、沒想法的人，則多半在日常生活中，缺乏對各種人事物的關注，以至於接收不到豐富的素材，當然也就沒有創意可以輸出。只有極少數天賦異稟的人，才可能無中生有，不然，一般人想要快速產出各種點子，還是得靠平日多觀察、多輸入，才有可能辦到。

那要在什麼時候、從哪裡，才能吸收到各式各樣的創意素材呢？答案是從外界吸收資訊。如果每天都泡在一成不變的環境中，與一成不變的主管或同事來往，很難會有什麼讓人驚豔的創意與想法。

我記得某知名漫畫家曾說過：「最近想成為漫畫家的年輕人，平常除了漫畫，幾乎沒有涉獵其他領域的事物。但如果想要成為一個好的漫畫家，每天光看漫畫可不行，還需要讀讀小說、看看電影，多拓展自己的眼界與創意，才有機會成為好的漫畫家。」這說法跟我想表達的概念完全一致。

想拓展自己的視野，就必須把眼光放在日常生活與工作以外的世界，如果每天都在自己的世界找線索，就很難發現新靈感。一旦被既有的工作環境所侷限，就算絞盡腦汁想設計出什麼創新商品，也很難逃出過往的窠臼。

對已經出社會的人來說，拓展視野最有效的方法，就是多讀書、參加聚會、與別人交流。以我為例，我一直保有閱讀商業管理書的習慣，每個月也會定期參加經營管理類的小組聚會，在時間許可的情況下，還會參加各種產業交流活動。透過這樣的方式，我不斷輸入各種資訊、累積可作為創意靈感的素材，進而加快創意工作的效率，減少加班時間，接著又獲得更多可以用來輸入各種創意的空檔，形成改善生活與工作品質的正向循環。

而且，拓展視野的好處是，可以從外界狀況評估自身處境。我就是看到同業之間處理事情的方法，才體會到當時所任職公司的主管，在工作方式與格局上都有所不足，進而下定決心要換工作。

POINT

想要獲得創意工作的靈感來源，就要跳脫既有工作環境！

02

最糟糕的創意發想：請大家自由發揮

一般人想到創意工作，多半認為是天馬行空、自由發揮。但沒有條件限制的自由，反而會讓人不知所措、毫無頭緒。

以生活中最常見的例子來說。初次約會時，你問對方：「中午想吃什麼？」結果對方回答「都可以！」此時的你應該也不知所措吧。因為「什麼都可以」，這句話裡面沒有任何線索可供判斷，完全開放的選項反而讓人不知道該如何是好。

比起什麼都可以，好歹也回答一點想法，像是想吃日式、中式或西式料理，不然就乾脆說出具體選項，像是拉麵、牛排或壽司等，至少討論起來還有個可以聚焦的方向。更討人厭的是，當大家想了半天，終於決定要去吃拉麵時，對方又冒出一句：「我想吃清淡一點。」是不會早點說嗎？明明就有想法，還在那邊都可以什麼？

有時我面對出版社的邀稿，也會出現類似狀況。當編輯說：「挑您自己感興趣的主題就好，寫什麼都可以喔！」我腦海中會一片空白，不知道該從何下手。又或是編輯雖然提供了方向，卻沒有設定出目標讀者，這也會讓我不知所措。畢竟同樣在談溝通，寫給社會新鮮人，跟寫給專業經理人的內容方向與論點完全不一樣，如果沒有先設定好目標對象是誰，作者就無法針對讀者來安排內容，寫作也會因此遭遇困難。

從上述案例可以知道，當人們收到的指令是「我們沒有任何限制，請自由發揮創意」時，大家的第一個反應都是呆立在原地，不知所措。

有條件，才能提高效率

在工作場合也一樣。如果某個創意發想會議的主持人說：「我們沒有任何限制，請大家自由發揮，想提什麼案子都可以。」在座的與會者一定會無所適從。

如果被交付的工作需求模糊不清，例如「希望大家提出一個可以讓公司變得更好的計畫」，員工一定也會不知道該從什麼地方來規畫或提案。此時，如果加上一些具體的條件限制，就能讓創意有個聚焦的方向，例如，如何改善公司的人事管理、如何強化公司治理，或提升企業內部的溝通氣氛等，大家就會知道該朝哪個方向來前進。

又如果範圍能再限縮一點，例如，具體提升業績的方法、增加毛利與獲利能力的改善計畫，或降低經營與生產成本等，範圍越小越好下筆，大家所提出來的方案也會越精準、細緻。

回到高效率的創意工作者，他們是用什麼方式來幫助自己聚焦呢？

首先，當面對模糊不清的需求指令時，他們會**自行替主題加入一些條件限制**，例如，要求自己先從某個面向切入；如果擔心理解的方向有誤，他們也會**藉由提問來蒐集線索**、**縮小主題範圍**，例如，「有希望達成什麼具體目標嗎？希望朝什麼方向前進？可以再提供一點具體的線索嗎？」反過來說，如果是自己提出一些需要創意的需求，或交付創意工作給團隊成員，也務必要記得給出具體的目標範圍，才能讓團隊更精準、更有效率的完成工作。

POINT

設定具體的範圍目標，就能提升創意工作的效率。

03

遇到誰也沒做過的工作時

有時，我們會面臨一些全新的任務指派，這些任務我們從來沒有經手過，也沒有前人的經驗可供參考，那第一步應該從哪邊開始呢？

先從蒐集資訊開始

所謂有樣學樣，在處理公司或團隊過去曾執行過的業務時，我們可以從先前留下來的資料當中，尋找線索，並參考前人的方式完成工作。但如果是全新的業務項目，由於沒有任何資料可供參考，只能靠自己來摸索學習。

舉例來說，某公司從創立至今都順風順水、穩定成長，第一次面臨要降低成本、節省開支的課題；又因為這家公司從來沒有處理過相關計畫的經驗，以至於內部也沒有任何資料可供參考。此時被賦予這項任務的你，應該從哪裡下手？答案很簡單，先從蒐集各種可能有幫助的資料開始。

無論是再怎麼厲害的廚師，只要手中沒有食材，也變不出一道料理來。如果要在公司內沒有前人的經驗可供參考，手邊也沒有任何資料的情況下，不太可能寫出一份「降低成本、節省開支」的提案，所以我們的第一步，就先從蒐集資料開始。

我有一位寫書的朋友，他每年都能完成許多本著作，他曾經說：「寫書的第一步，就是先蒐集相關資料與素材。只要蒐集得夠多，剩下就只是動筆完成它而已，寫一本書根本花不了多少時間。」因此，對想成為高效率創意工作者的人來說，最重要的是**平日就要蒐集大量的相關資料與素材**，這也是快速完成工作的一大關鍵。

蒐集素材的兩大訣竅

要如何蒐集素材，來幫助自己完成創意工作呢，在此分享兩大訣竅：

1. 先盡量蒐集，不要考慮太多

在「資料蒐集階段」，先不要糾結有沒有用，也不要考慮後續如何使用，要盡可能把有機會派上用場的資料都先蒐集到手。等開始動筆時，如果覺得這份資料用不到，屆時再剔除或捨棄就好。

如果在蒐集素材的階段，就憑直覺來判斷某份資料沒有參考價值，或直接不予採用；萬一等到下筆時，才發現那份素材的某些內容值得參考，此時又得花加倍的時間，去把資料找回來，這一來一往之間，無疑是浪費時間。

就像下廚一樣，食材永遠不嫌多，準備好各式各樣的食材，才有最高的選擇性，也才能端出最好的料理。至於多準備的食材沒用上也無妨，先放到冰箱保存，哪天要用再拿出來就好。

2. 邊找資料邊想，並隨時記錄靈感

人類的記憶非常不可靠，就算腦中一時浮現超棒的創意或靈感，轉眼間就有可能忘記。因此，在蒐集資料的過程中，**如果想到任何創意或靈感，一定要記錄下來**。

據說人類的記憶與創意，分別由左腦與右腦掌管，但我不是大腦科學家，所以無法判斷這個說法的真偽。以我來說，有時候腦海裡會靈光一閃，「這點子好像不錯，之後或許可以當成寫作素材」，但只要沒有當場記錄下來，沒過多久就忘光了。又或是在電車上看到某則車廂廣告，引發某個有趣的想法，為了避免自己忘記，一路上不斷提醒自己「要記得、要記得」，以至於整個大腦為了記住這個點子而拚盡全力，沒辦法再處理其他的訊息或發想其他創意。

為了避免重複發生這類情況，我隨時隨地帶著筆記本，記下臨時想到的創意或靈感。只要能把想法記下來，就能清空大腦，讓它再次靈活運轉。

當我們遇到創意工作的瓶頸時，就代表手邊可運用的資訊或材料不足。

POINT

遇到沒有前例可供參考的新任務，先從蒐集資訊開始！

04

別悶著頭想，借用別人的大腦

我曾經出版過各種商業管理類的書籍，這些著作的主題，多半來自於出版社編輯的邀稿，他們會在一開始時直接說：「麻煩寫一本〇〇主題的書。」而這些主題五花八門，有高效率的讀書方法、時間活用術、領導者理論、PDCA循環的運作方法、工作禮儀，以及發展副業等（像本書的主題就是高效率工作的訣竅）。

每一本書的篇幅，至少都有八到十萬字，而書裡所介紹的重點，至少也要安排四十到五十篇，書稿的完成時間，還必須掌控在三個月左右。對我來說，寫書這件事，要耗費極大的精力。但既然都要寫了，內容就必須對讀者有幫助，書裡所介紹的方法，也一定要讓讀者能實踐在生活中，甚至還要幫讀者解決某些問題，最好還能改善讀者的人生。

因此，只要答應出版社的邀稿，寫書的過程就不能馬虎。首先要蒐集大量資訊，並將個人的學經歷及 Know-how，整理成對讀者有用的資訊，還要大量閱讀相關出版品，從各種媒體或新聞、雜誌中，研究該議題在全球的最新趨勢為何，才能寫出一本對讀者有幫助且內容扎實的著作，整個過程相當辛苦。

如果想要加速蒐集資訊的過程，有個非常有效率的方法，就是借用別人的智慧。

借用別人的智慧，是最有效率激發創意的方法

借用別人的智慧，聽起來好像很難，但其實就是**多跟別人對話**。

對話有很多種方式。直接與周遭人們交流，聆聽他們對某些特定議題的看法，是一種有效的對話方式，可以幫助我們快速借用別人的智慧。就算我們無法直接與業界知名人士，或專家學者當面交流，透過對方所發表的著作與言論，也是另一種對話，能讓我們借用對方的智慧，應用在所要發想的議題當中。

對話非常好用，我在寫書時，也經常找時間跟編輯討論，用以激發創作靈感。交

流的好處有以下五點：

1. 挖掘自己腦中的想法。
2. 得知讀者真正的需求。
3. 從自己與編輯（或其他人）的對話中，發現一些有用的資訊。例如，某些自己以為大家都知道、再理所當然不過的事，實際上卻有很多人完全不清楚。
4. 可以在對話過程中整理思緒。
5. 會浮現出一些自己從來沒有想過的靈感。

就拿第三點來說，例如，我在寫一本「有效率的讀書方法」相關的書，過程中透過與編輯的談話及問答，讓我發現很多我原先以為是理所當然、沒什麼好說的項目，對外人而言，竟是一種聞所未聞的創見，像是「為什麼我會以考取稅務士為目標？」、「我怎麼利用工作以外的時間，考取各種高難度的證照，包括建設業簿記一級、宅建士（按：類似臺灣的不動產經紀人）與稅務士等？」還有「自學、函授，補習班的實體課程，哪個比較好？」在這些問題當中，都有我個人的獨特經驗。

還有一些像是「看電視不好嗎？」（取決於怎麼使用）、「如何避免自己三分鐘熱度？」（其實不必太在意自己三分鐘熱度怎麼辨，中斷了再重新開始就好）、「參考別人成功考取證照的經驗分享，很重要嗎？」（比起別人的成功體驗，更應該從失敗的經驗當中學習）等問題，我都有不同於其他人的獨特建議。如果不是藉由與編輯的對話過程，我可能會覺得沒有什麼好說的，因此漏掉許多有價值的資訊。

什麼樣的對話能引發創意

接下來，我仍以我跟編輯的實際對話為例，向大家說明如何用談話來激發創意。

這是某次被委託撰寫一份有關「上班族斜槓當大學講師」的相關主題時，我與邀稿編輯之間的對話：

編輯：「一個擁有全職工作的上班族，為什麼能去大學當講師呢？」

石川：「在二十年前，我也沒想過自己有一天能登上大學的講臺授課。但隨著時代改變，在校園之中除了學習憲法、經濟學等重要的基本學科外，學校也必須提供一些專業性較高的實務課程，才能銜接學生們畢業後的學用落差。所以目前無論是學校、學生本人與家長，甚至是企業用人單位，都在尋找能講授業界實務的專門講師，來教導學生們簿記、財務分析、商業禮儀、經營知識等實務內容。因此身為上班族的我，才有機會乘著這股潮流，進入大學校園成為講師。」

編輯：「原來如此，一般人可能會覺得全職上班族，沒有兼職當講師的機會。我們可以把剛剛這段關於趨勢的分析，寫進文章裡與大家分享。」

從這段對話中，我整理出「為什麼全職上班族身兼研討會講師與兼職寫作的我，有機會能去大學當講師的原因」，同時也發現，這是個能在書中與大家分享的題材。

編輯：「石川先生是在什麼樣的機緣下，被聘為大學講師的呢？」

石川：「因為我常跟在大學擔任講師的朋友，以及在研討會熟識的講師們說：

『我想在大學教課。』後來剛好有一所大學，正在尋找可以教授簿記的講師，他們就趁此機會把我推薦給學校。」

編輯：「所以把自己想做的事情告訴大家，也是一件相當重要的事！」

石川：「好像的確是這樣！畢竟招聘講師的訊息，不一定會張貼在學校官網上，就算真的公告出來了，我也不一定有機會看到。如果我平常沒有把『想去大學當講師』這件事掛在嘴邊，並告訴周圍的人，很可能就實現不了這個願望。就像我某個朋友，他後來也跟我說：『其實我也曾想過去大學當講師呢。』但因為他從來沒有把這件事告訴身邊的親朋好友，所以就算有誰知道什麼職缺，大家也不會特別想到他。」

從這段對話中，我理出一個頭緒：「如果想要成為講師，就要主動告訴大家，讓全世界都來幫你。」

編輯：「但是要開誠布公的向大家坦白自己的夢想，也需要勇氣。」

石川：「沒錯！所以向周圍的親朋好友發表宣言時，自己也需要具備一定程度的專業。再加上，你都這麼向大家宣告了，難道不用努力提高自己的能力嗎？此外，還有一個重點，當你向大家宣告自己的夢想時，一定有一些人明明自己也沒當過講師，卻愛對你潑冷水，說一些『不可能啦！放棄比較實在！』等負面言論，這些意見完全沒有參考價值，也可以直接忽視這群人。」

從這段對話中，我們又延伸出「事先學習的必要性」、「忽視負面言論」等內容，可以補充相關議題。

之後又在幾次對話中，我們陸續討論出可以分享在書裡的內容，包括：到大學授課時的注意事項、與學生相處的困難處為何、導入業界實務經驗給學生們，有什麼好處，以及講師的鐘點費大概多少等。

除了自己悶著頭想之外，我在對話中借用編輯的智慧，創意工作的主題就會越來越豐富、完整。

高效創意工作者都喜歡閒聊？

在職場上，大多數時間都用在完成手邊工作，專注的時間越長，工作效率就越高。但除此之外，在一整天的工作當中，難免有一些休息時間或工作的零碎空檔，如果能利用這些短暫的時間，與周遭同事們閒聊，分享一些工作上所遇到的問題等，一定有助於改善工作與激發創意。

尤其可以多觀察新進同事們的意見或提案，因為他們剛進公司不久，還沒有被企業文化影響，可以為大家帶來一些新的刺激、激盪出更多火花。我也確實透過傾聽年輕社員與新進同仁們的意見，獲得了許多寶貴的新創意。

當我們因為企劃提案或創意工作陷入瓶頸，或一時之間擠不出什麼有趣的好點子時，請不要獨自苦惱，不妨去跟大家聊聊天，在對話過程中借用一點別人的智慧。多數高效創意工作者，**都懂得充分利用閒聊與對話，讓工作更順利！**

POINT

利用閒聊與對話，讓自己的工作更順利。

05 6W3H，零失誤檢核法

會影響創意工作效率與進度的，還有一個重要原因，就是在蒐集素材與資訊階段時，有所遺漏。我們該如何有效預防呢？例如，我們與某個十分忙碌的客戶，好不容易約好時間洽談業務，結果在溝通的過程中，不小心聽漏了某個重要資訊也沒有記錄，後續要補救就會非常麻煩。

遺漏重要資訊，要多花一倍力氣補救

如果重新再詢問對方一次，一來對方不一定有時間，二來客戶也會對我們產生負面印象，認為「這傢伙連重要資訊都能遺漏，能力似乎不太好，不是漫不經心，就可

能是不會抓重點，我們可以將工作託付給他嗎？」

此外，不只有漏聽（忘了記錄對方的重要需求），就連漏說（忘了傳達我方的重點資訊），也是一件相當麻煩的事。例如，在某次關鍵的簡報中，我們忘了表達某一個重點，萬一事後還要去向對方補充說明「剛剛提案簡報時，我有一件事情忘了說……」，這種場面也不好看。**遺漏是所有高效率創意工作者的大忌**。因此所有馬上交出成果的人，都會準確掌握每一次的溝通機會，反覆確認雙方在談話時，是不是確實理解彼此所要表達的重點？是不是已經完整傳達我方所要表述的各種資訊？

有沒有什麼方法，可以用來檢查我們在製作企劃書、確認提案簡報等創意工作時，有無遺漏內容呢？以下，我就要介紹一套自己常用的便利工具，可以時時確認是否忘了重要的溝通項目。

6W3H，由5W1H演變而來

所有創意工作，包括企劃書、提案簡報等，在完成階段時，一定要進行最終檢查。最終檢查的目的，是幫助我們避免遺漏任何重要項目，此時可以善用萬能的「6W3H檢核法」。

相信大家應該都聽過5W1H，而6W3H檢核法，則是5W1H的進化版：

● 6W

Who（是誰／誰是關鍵人物／由誰負責）。

What（什麼事／目標是什麼／目的是什麼）。

When（何時／到什麼時候〔期限、日期、日程規畫、開始與截止時間〕）。

Where（在哪裡／目的地集合地、解散地在哪）。

Why（為什麼／理由／有何根據／動機）。

Whom（為了誰／目標對象／合作對象還有誰）。

● 3H

How（要怎麼做／方法／手段）。

How much（多少錢／金額／費用、預算）。

How many（有多少／數量／人數／可允許的人數規模）。

與其每次都去煩惱還有哪裡有缺漏，不如在確認階段，用6W3H檢核法檢查，不僅更為可靠，檢查起來方便容易、效率也更好。

大家務必把上述6W3H檢核法的細項內容列印下來使用。

另外分享一件事。在我事務所的電話留言本中，也運用上述方法在留言本的頁面規畫了六個欄位，包括日期和時間、來電者的姓名、來電的主要內容、對方的聯繫方式、電話號碼，如果對方的電話已經記錄在通訊系統中，就留下快速撥號鍵的代碼（可節省回撥者還要花時間查詢）、接電話的人是誰。

如此一來，就算負責該業務的人員不在位置上，代為接聽電話的人，也能一邊看著留言模板，一邊請對方留下必要資訊，就能有效避免訊息遺漏。

POINT

用6W3H檢核法，防止遺漏重要資訊，也避免重複確認。

06

如何不拖延？先別追求品質、做完再說

本書第五章，主要就是向大家介紹各種提高創意工作效率的方法，在最後一節，我將根據自己的親身體驗，提供兩個建議給不擅長或討厭創意工作的人。

我曾經是個逃避創意工作的人

與創意工作相對的是機械性的例行業務，直白來說，這些例行工作只要花時間依序處理，就會有一定的工作進展，並不用特別去思考或想什麼內容。就像在推廣業務時，如果被要求每週用電話聯繫五十位老客戶，只要耐著性子，一通一通把電話打完，就算完成工作了。但如果被要求每週要成交一位客戶，情況就不一樣了，這就要去思考如何成交一位客戶，這項工作就會變成創意工作，而不是例行業務。

簡單來說，創意工作，例如寫企劃書或準備提案簡報，是我們即使花時間，也未必能順利完成的工作，因為它的重點在於有效與否，而不是完成多少數量。

以我來說，在我國中與高中時，每到考試前，我一定會開始整理房間。但整理房間跟準備考試一點關係也沒有，不論房間再怎麼乾淨，也不會讓我的成績增加一分。現在回想起來，當時的我，是為了逃避提升課業成績的創意工作，而躲進整理房間的機械性工作中，騙自己有在努力，而不是毫無進度。

相信很多對創意工作感到困擾的人，在面對這類型工作時，心情應該跟學生時代的我差不多吧？明明知道要著手準備企劃書或簡報，卻忍不住處理起簡單的機械性工作，就像我不準備考試，反而跑去整理房間一樣。等簡單的機械性工作都完成了，真正重要的提案簡報卻一點進展也沒有。

因此，我在此提供兩個建議，給忍不住想逃避創意工作的人。第一，什麼都別想，先開始進行創意工作就對了，只要踏出第一步就會有進度，哪怕只踏出半步也無妨，一定要逼自己先開始；第二，不用管品質，先把事情做完再慢慢改善，無論是企劃書或簡報，重點在於先完成它，過程中暫時不用去考慮品質或寫得好不好，也不要在形式或規格上面糾結，總之，先把它寫完再說，之後再來處理品質問題。只要基本雛型完成了，**在此基礎上，再調整與改善就好**，其他校對工作或檢查錯漏等，也都在這個階段再開始處理。

為什麼會特別提到校對與檢查錯漏？在這邊也分享一個我過去的經驗。

事情約發生在二十五年前。當時公司正在招聘有經驗的員工，在那個時代，履歷仍以手寫為主流（現在日本應該也是如此）。有一位應徵者的履歷寫得非常好，可是裡面竟然出現三個錯字，於是在第一關書面審查中就被刷掉了。刷掉他的原因也不難想像，畢竟連履歷表這麼重要的文件，都會出現三個錯字，萬一日後請他幫忙準備重要文件時，裡面或許可能會出現許多失誤；尤其對我們會計類的工作來說，很多文件需要與外部或銀行往來，這些看似極小的失誤，都有可能影響公司信用。

所以，大家一定要仔細校對與檢查錯漏，千萬不要在文件內容中，出現錯字之類的低階失誤。但也不要因此緊張兮兮，一邊寫企劃或提案，一邊焦慮的回頭檢查，只要在整體完成後，仔細校對、認真檢查幾次，就能預防出現類似的錯誤。

還有一點是，當大家完成創意工作後，建議可以把工作內容的產出，先擱置沉澱一下，再重新檢視。因為經過一小段時間的沉澱，當我們再次閱讀時，比較有機會用客觀的角度，看待當初的構想有沒有什麼盲點。

就像我年輕時，如果在晚上寫好一封情書，當隔天早上起床重看時，百分之百都會覺得：「我昨天晚上怎麼會寫出這麼噁心的內容。」這是因為在寫作的當下，我們以主觀的視角入戲太深，以至於沒有發現自己寫作上的盲點；此時只要給自己一點沉澱的時間，就能用比較客觀的方式來檢視，把一些不適合或過於主觀的內容加以調整、修飾。

最後回到創意工作這件事，請不擅長創意工作的人，務必試試看剛剛介紹的兩個方法：第一、**什麼都別想，先開始進行創意工作就對了！**第二、**不用管品質，先把事情做完再慢慢改善！**

POINT

第一，什麼都別想，先開始進行創意工作。第二，不用管品質，先把事情做完再改善。

第六章

我是身兼多職的時間管理大師

01 時間管理矩陣的誤用與應用

高效工作者們不只完成工作的速度極快，品質也相當高，究竟他們平常有哪些好習慣，才能讓自己成為高效工作者呢？

將工作分成四大類

在時間管理方法當中，有一個相當知名的管理工具——時間管理矩陣（Time Management Matrix），亦即用緊急程度與重要程度，作為橫軸和縱軸，將工作或事務分成四大類：重要且緊急、重要但不緊急、緊急但不重要、不重要也不緊急（見第一八二頁）。

在這四個象限當中，據說人們經常會優先處理緊急但不重要，或不重要也不緊急這兩類事務。因為人類的天性，泰半偏好簡單與輕鬆的工作，所以如果不把工作分類檢視，人們很容易像前章節所說的，順著自己的好惡，先處理棉花糖工作，但棉花糖工作的本質，多半都是不用動腦筋就能完成的事務，例如列印文件、檢閱郵件、簡單的溝通聯繫等。

如果把時間都用來先處理這類型的工作，就會導致那些重要且緊急、重要但不緊急的任務，完全沒有任何進展。再加上棉花糖工作不論處理再多，也很難讓公司獲利，或者提升自己的評價。因此，想成為高效工作者，重點在於仔細分辨自己手邊的工作，屬於這四大類中的哪一類，並依照重要性來安排優先順序，再開始動手。

這樣處理重要但不緊急的事務

處理重要的工作與事務，是我們提高工作效率的關鍵。大家通常不會忽視重要且緊急的工作，不過，遇到重要但不緊急的事情，就非常難對付了。因為重要且緊急的

時間管理矩陣

緊急　不緊急

重要

重要且緊急

例如：製作年度決算或企劃案等。

➡ 工作難度較高、處理起來既困難又麻煩，但因有截止期限，最後還是要如期完成。

重要但不緊急

例如：規畫願景、準備證照考試等。

➡ 因為沒有截止期限，不做也不會有立即的影響，如果沒有足夠動力，可能永遠都不會開始。

多半是能讓公司或個人有所成長的事務。

不重要

緊急但不重要

例如：列印文件、檢閱郵件、簡單的聯繫溝通等棉花糖工作。

➡ 因為急迫又容易處理，所以會忍不住先動手完成，但通常沒有什麼效益。

不重要也不緊急

例如：列印文件、檢閱郵件、簡單的聯繫溝通等棉花糖工作。

➡ 嚴格來說，根本沒必要處理。

工作，所有人都會想辦法在期限前完成。以年度決算的工作為例，申報截止日是固定的，就算覺得麻煩、討厭，但一定會想盡辦法在期限前完工。而重要但不緊急的工作，因為沒有截止期限，就很有可能無法產生足夠的動力，以至於一直沒有進度。畢竟這件事情並不急迫，什麼時候做都可以。

以公司經營來說，這類型的工作，就像是擬定事業發展策略、描繪公司願景、制定五年發展計畫等，不管這些工作有沒有完成，公司每天還是會正常運轉，依舊有一堆工作等著我們去做，以至於這些重要且該做的事，一直被往後延遲；如果以個人來說，這類型的工作就像是提升專業技能、考取特定資格或證照、擬定職涯方向等，就算沒有進度，日子也是一天天過去。

但是別忘了，**真正能讓公司或個人朝更好方向來發展的，都是這些重要但不緊急的事務**，正因為這些工作，才能讓企業或個人在激烈的競爭之中脫穎而出。

那我們應該如何對付老是被我們往後拖延的重要工作類別呢？那就是利用一大早的時間優先處理，並且用這個好習慣，來迎接一整天的開始！

如果想要取得行政書士（或任何其他證照）的資格，那就提早一個小時起床讀書準備；如果創業者想規畫公司的長期願景，就提早三十分鐘到公司來好好沉思。只要比平常更早起一點，就能有多一點的時間，來處理那些重要但不緊急的工作，也不會擠壓到其他工作，或影響到生活。以我的經驗來說，因為特地早起，而多出來的早晨時間，最適合用來處理重要但不緊急工作的最佳時刻。

POINT

早起後的時間，是處理重要但不緊急事務的黃金時段！

02 如何不被主管打斷工作節奏？比他早到公司

我在前一篇提過，最好利用一大早的時間，優先來處理重要但不緊急的事務。為什麼說利用早晨時間工作效率最好？因為在這段時間裡，影響工作節奏的「三大麻煩」都還沒登場：收不完的郵件、接不完的電話、同事或主管不定時的打擾。時間越早，這三大麻煩出現的機率就越低，如果你是第一個進公司的人，直到第二個同事到公司之前，你可以擁有一段不被打擾的安靜時光，工作起來也能不受影響，效率自然就會提升。

不被打擾真的太重要了。在本書中，我不斷強調工作節奏的重要性，好不容易調整好節奏，準備進入完全專注的工作模式，但一下子電話響，一下子同事來問問題，專注力瞬間瓦解，又得花上一番心力，才能重新進入狀況。也許有人會問說：「等夜深人靜、家人們都入睡以後，一樣也能擁有一段不被打擾的個人時光啊？」

我必須說，下班之後如果選擇去上補習班，或去學校進修，因為有固定的上課時間，所以可以很容易投入其中學習。但是，如果我們選擇下班之後，回家自修或學習某項技能，因為到睡覺之前的這段時間，我們都可以自由使用，以至於一不小心，就先做了其他事情，或是放縱自己「等看完電視再開始」、「吃完晚飯再開始」（然後吃飽又開始想睡覺）。再加上工作一整天，精神、體力與專注力都已不敷使用，我們有足夠的理由安慰自己，「今天太累了，明天晚上再開始吧！」導致無法要求自己在固定的時間做該做的事，甚至只有三分鐘熱度，最後根本沒有時間處理那些重要但不緊急的事務。因此，我建議還是將重要但不緊急的事務，安排在早晨來處理會比較好。畢竟每天剛起床時，不只身心都充飽電，也是專注力最強的時候，利用電力滿滿的狀態來處理工作，效果最好。

就拿我準備稅務士考試時的經驗，跟大家分享如何活用早晨時間。

一開始，我為了準備考試，特別辭去工作。因為我原本就是個夜貓子，或者應該說，我當時是個對時間比較沒有概念的人，所以一整天都懶懶散散，隨心情想讀書就讀書。我自己打的如意算盤是，「創造一個隨時隨地用來讀書、準備考試的環境」，所以刻意不安排固定的讀書時間，以為自己可以整天都拿來用功。

活用早晨時間，讓我順利考取稅務士

但前半年在家自學，無論起床或睡覺時間都隨當天的心情，換句話說「隨時隨地都能拿來讀書、準備考試的環境」，變成「隨時隨地都能偷懶的狀態」。再加上我並沒有意識到自己處在這種狀態，於是就這樣去參加了考試。結果當然是沒考過，而且在滿分一百分的考試當中，只拿到了個位數的成績，可以說是慘敗收場。

經過慘痛的教訓與深切反省後，我大幅調整學習策略，每週四天到稅務士事務所打工，打工之餘則去補習班上課，把自己的作息固定下來。為了準備明年的考試，我決定早睡早起，當個晨型人，每天逼自己提早兩個小時起床讀書。如果當天是打工日，我就會利用出門前，先做一些相關的練習題；如果是去補習班上課的日子，我則會利用補習前的時間，要求自己複習完上一次的課程內容。並且，我每天都會訂好當天的學習進度，改用更有計畫的方式來準備考試。

如果起床後的狀態不錯，可以快速完成預定的學習進度，接下來的時間就會稍微放鬆一點；但如果早上睡過頭，沒有完成預期進度，我就會強迫自己利用其他零碎時間來補足，例如打工的休息時間、中午吃飯時間，甚至是通勤或等候紅綠燈時。

諷刺的是，一開始說要辭掉工作、專心準備考試，讀書的時間看似很長，但學習效率卻很糟糕；反而是一邊打工，一邊利用一大早專注力最強的時間來準備，隔年就順利考取了稅務士資格。

有過這兩次經驗，我發現與其給予自己較多彈性，卻散漫又沒有計畫的準備考試，不如逼自己從忙碌生活中，安排有限的時間，集中精神好好努力，效果會更好，而且在這一段經驗中，我親身體驗到早晨時間，真的是個能改變人生的黃金時段。

無論是想要考取證照或準備升等考試，或是想要完成一直被擱置的重要但不緊急的事務，務必利用早晨來完成。高效工作者不只知道心力應該放在哪些項目上，更知道在哪些時段努力的效果會最好。而這個效果最好的時段，就是早晨（廣義來說，還能延伸到中午之前），只要善用早晨就能改變自己的人生。

用反推的方式來規畫

有些人可能會說：「我也知道早上工作效率會最好，但我就是爬不起來，沒辦法好好運用這個時段來工作。」為此，我特別跟大家分享一個活用早晨時間的訣竅，就是反推要何時起床。

舉例來說，當我們下定決心從明天開始要早起讀書，剛開始或許還能勉強做到，但過沒幾天，變得越來越難掙脫溫暖的被窩，就算用鬧鐘強迫自己起床，也會因為睡眠不足而頭腦昏沉、無法開機，哪怕勉強爬起來，也做不了任何事。如果起床之後無法進入工作模式、無法用最佳狀態處理事務，就白費我們這麼早起床了。

為了能讓自己精神飽滿的起床，善用早晨時間，我建議大家用反推的方式，具體如下：

1. 首先，先訂定想達成的目標與規畫，例如「為了通過〇〇考試」。
2. 為了達成該目標，每天早上必須花多少時間來準備，才能順利通過考試（例如一個小時）。

3.從上班時間開始反推。如果早上需要一個小時的讀書時間，那就要在準備出門前一個小時起床（例如早上七點要準備出門，六點就要起床）。

4.確認自己需要多久的睡眠時間，才能發揮最佳狀態。如果睡不滿七個小時就會沒精神、大腦無法順利運轉，那就從起床時間開始反推七個小時，就能推出幾點要上床睡覺，才能維持充足睡眠，例如早上六點要起床，前一晚十一點就應該要入睡。

早起的重點，在於前一晚的上床時間。如果只決定起床時間，而沒有規定就寢時間，每天都想幾點睡就幾點睡，最後就會因為睡眠不足而精神不濟，自然也就無法維持早起的習慣。

POINT

利用反推找出最佳入睡時間，早上就能用最棒狀態處理事務。

03 你敢立誓嗎？我在一年後的今天，一定要離職

高效工作者不會因為害怕失敗而不行動，更不會因為一時挫折就一蹶不振，他們總是能坦然接受失敗的結果，快速修正方向、調整心情再出發！他們是如何辦到？

把目標變成可執行的小任務

對工作沒自信、始終躊躇不前的人，腦中可能經常出現這些想法：「萬一失敗了怎麼辦？」、「萬一產品推出後，成績不理想怎麼辦？」、「萬一這筆生意，最後還是吹了該怎麼辦？」這些負面情境總是壓得他們無法付諸行動；相反的，做事效率高的人，則是會先行動再說。就算真的遭遇失敗，他們也不會沉浸在沮喪或懊惱中，而

是會快速轉換心情，修正方向再出發。關鍵在於，他們清楚知道失敗在所難免，平常心看待就好。

可是面對巨大的目標與挑戰，平常心談何容易？

此時，只要將目標分解成可實際控制、具體達成的小項目，就可以擺脫得失心，讓遲遲無法行動的人先動起來。例如，我們的目標是一個月完成五筆交易，而「萬一無法成交怎麼辦？」的憂慮，會壓得人無法跨出半步。此時，我們可以先把目標分解成，「每天中午前打兩百通推銷電話」，或「每週拜訪五十位客戶」這種具體可完成的小項目，先開始行動，再邊做邊調整，就不會停在原地、毫無進度。

接著，我們要有可供參考的數據，例如事先調查好這項業務，在業界的實際成交率。有參考標準，才能知道自己的過與不及，避免不必要的擔憂。如果業界的平均成交率是一%，亦即每拜訪一百家客戶，就有一家可能會成交。那我們就算已經被九十七家客戶拒絕，也不會因此喪氣，還能理性判斷，「再拜訪三家客戶就有可能會成交」，進而振作精神再出發。

客觀了解實際狀況，是幫助我們行動的底氣。就像上述的例子，當我們實際了解某商品或某業務的實際成交率，才能判斷自己績效的好壞與否。避免自己的成績其實不錯，但被主管一句「應該還能表現得更好吧？」而陷入低潮。

雖然為了發展，公司難免會訂定稍高於平均值的績效目標，以維持企業持續成長，例如，有些公司會以業界平均成交率為基準，再上調二〇%作為員工可努力的方向。但前提也是實際知道業界的平均標準為何，而不是沒有任何根據，就把績效目標設定到天邊去。當員工再怎麼努力都無法達標時，團隊就會陷入沮喪的失敗氛圍。

當我們負責設定目標時，務必要基於實際狀況，訂定可達成的績效目標，例如，「某類商品的平均銷售量為〇〇，只要能達到××的目標，在該類商品來說，就算是不錯的暢銷成績」，讓個人或團隊在努力達標時，能有客觀理性的判斷依據。

不因達不成的目標而沮喪

本書一再強調，高效工作者知道應該把心力放在哪些重要的工作上，因此當他們面對一個不切實際的目標時，並不會因為沒有達標，而陷入不必要的低潮。

就拿撲克牌來舉例。在一整副牌中，有黑桃、紅心、梅花、方塊這四種花色，每一種花色各有十三張牌，共五十二張。如果不包括鬼牌，在五十二張牌中，抽一張牌為紅心的機率是二五％，這二五％就是客觀的期望值，無法透過努力來改變。此時，如果有人提出超過客觀期望值的目標，我們就知道這不可能達成，也就不會為了無法達成不合理的目標而沮喪。

就像棒球界的傳奇人物鈴木一朗，雖然已經引退的他，在最後並沒有達成「年平均四成」的夢幻打擊率，但他也不會因此而召開記者會，向大眾道歉說：「實在很抱歉，我的打擊率表現不佳，有超過六成的打數都沒能打出安打……。」因為所有人都知道，根據統計數據顯示，在職棒界能打出四成的打擊率，已經是非常驚人的成績。所以，當我們能客觀理解業界的標準，就能避免許多不必要的沮喪或失落，保有動力，繼續前進。

就算我們已經能用平常心來看待現況，不被沒有必要的沮喪所困擾，但我們還是會因為現況的不合理，而想要離職、創業，或轉換跑道，然而自己目前的能力卻又還沒到位，這時應該怎麼辦？此時，大家務必這樣告訴自己：「我在一年後的今天，就一定要離職！」

在提離職之前……

當我們對自己宣示這件事後，我們將產生變化。既然已經決定好一年後要離職，那從現在開始，就要為離職後的生活預做準備。

如果不做任何努力，只是過一天算一天、虛度光陰，那一年後離開公司的生活該怎麼辦？所以現在已經沒有時間可以空想，要盡可能利用還在職的時候，盡量累積對下一份工作或對創業有幫助的技能與資源，甚至那些原本在職場中不屬於自己的工作，或不同領域的事務，也都可以當成新的機會來嘗試看看；還可以利用早上通勤等零碎時間，利用閱讀來多吸收一點商業管理類的知識，並將其中的概念應用在工作中，用以培養新的觀念與想法。

畢竟，這份工作再撐也不過就是一年，換成工作日數，只剩下約兩百五十天。如果我們能把還在公司裡的這兩百五十天，都拿來學習或挑戰新事物，並在下班後，積極參加各種商業管理或職涯發展的講座及研討會，想辦法考取未來可能會派上用場的證照與資格等，努力增加自己的實力。那這兩百五十天，就有機會再挑戰兩百五十件不同的事，當成為自己的下一階段預做準備。

當我們把一年後要離職，當成是這段期間工作與生活的完成截止日，就能激發自己的行動力，眼前所看到的景色，也會跟昨天完全不同，甚至看待身邊人事物的方式，也會逐漸產生變化。

下定決心對自己宣告一年後要離職的人，將會因此變成「沒什麼好顧慮、沒有時間可浪費」，行動力極高的高效工作者。說不定，還會因此成為公司不可或缺的人才，或發現自己的心態已經改變，進而在現有的工作中，發現樂趣與成就感。

POINT

當我們能客觀理解業界標準，就能避免低潮，持續向前邁進！

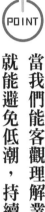

04 高效者都愛閱讀，他們這樣選書

提升工作效率有一個最直接的方法，就是**透過閱讀，學習別人在工作與商業管理領域的相關專業與經驗**。

我所知道的做事速度快的工作者，多半都喜歡閱讀。有許多高效工作者，明明手邊的工作與行程都已經塞得很滿，卻還是能抽出時間大量閱讀，不禁讓人疑惑，「到底是什麼時候讀書的？」相反的，有許多工作效率不彰的人，明明手邊工作量不大，卻總是說自己忙到沒時間看書。

廣泛閱讀，對於工作的幫助可大了，大家不妨回想一下，周遭人對於工作的煩惱有哪些？「剛出社會，想要學習如何應對等商業禮儀」、「最近業績低迷，想知道如何打動顧客」、「剛晉升管理職，想得到領導團隊的知識」、「想要改善職場人際關係，所以想學一些有助於溝通的能力」，幾乎所有在職場上可能會面臨到的困擾，我們都能從書本中找到答案，例如，商業禮儀、經營管理、領導學、溝通技巧，與時間管理等。而這些著作，則多半來自於歷史上的重要人物、各領域的權威、國內外的知名教練、頂尖專業人士，以及受到大眾歡迎的講師或演講者，他們彷彿就在書店的架上，等待著大家隨時請益。

就因為閱讀能帶來的幫助十分珍貴，所以馬上交出成果的人，會養成閱讀習慣，運用書中所介紹的各種方法，提升自己的工作效率。

如何挑選適合自己的書籍？

書架上琳琅滿目的出版品，有不同領域、不同角度、不同專家學者所寫，要怎麼挑選，才不會迷失在目不暇給的書堆中呢？在此跟大家分享我的選書法，就是現場試閱。實際走進書店、實際拿起這本書，站在現場試閱一下。儘管大部分的商業管理類書籍定價約為一千五百日圓，但現場試閱完全免費，值得大家在選書時好好利用。

雖然現在網路買書已經很方便，但以我來說，只有在緊急需要時，才會從網路上購買；在非急用的情況下，我一定會到實體書店選購。因為在實體書店裡，相同主題的出版品，多半會陳列在同一區，不只可以相互比較，還能延伸閱讀，從中挑選最適合自己的內容，或是一次買齊相關領域的所有出版品，有時候在瀏覽書籍的過程中，還可能會發現其他感興趣的議題，這些都是走訪實體書店才會有的好處，所以我最大的樂趣，就是逛實體書店與二手書店，跟別人約碰面時，也都喜歡約在書店裡。

接著是我選書的方式，我會先看書名，再從封面與書腰等處，判斷這本書是不是自己想要的。如果前面這幾處都符合需求，接下來我會翻閱作者簡介，從作者資訊中，確認這位作者的著作是否有參考價值。如果作者的背景，確實有值得參考與信賴的地方，我會接著翻開前言或作者序，確認書的內容走向與我所預想的是否一致。最後則是翻開目錄，如果章節架構能吸引我，大概就會讓我下定決心買下這本書。

總之，在實體書店試閱時，我會依照剛剛所說的順序，判斷要不要買下這本書。大家也可以依照自己的習慣與愛好，將順序改成書名、前言或作者序、目錄、作者簡介，也沒有問題。

用相同標準來檢驗我的第一本書

以我的第一本書《三十歲逆轉人生，每天三十分鐘讀書法》為例，因為我挑書的標準是書名、作者簡介、前言或作者序、目錄，所以我在寫作時，也特別注意這四個部分。而這本書的成功，讓我驗證了我的選書方法，與大多數讀者們十分相近，因為我在這部分所作的努力，大幅增加這本書被選購的機會。

接下來，就從這四個部分來一一拆解我當初的構想。這本書當初所設定的主要目標讀者，是以三十歲世代、業務繁重的中階管理職為主。由於他們處於辛苦的三明治階段，對上必須承接主管的嚴格要求，對下又要承受來自團隊的不滿與抱怨。所以針對這些想要改變人生，卻自以為困在沒有時間，而無能為力的人們，我在這本書的書名（標題），開門見山的告訴目標讀者，每天只要花三十分鐘，就能改變人生，藉此吸引他們拿起這本書。

當讀者對書名感興趣後，他們應該會想知道這本書是誰寫的、值得相信嗎？所以我在作者簡介的地方，毫無隱瞞的揭露自己過往人生經歷，包括我原本的人生有多麼不堪且乏善可陳，而自己又是如何成功逆轉，成為一名生活精彩豐富的專業人士。

當讀者們知道，這位作者在高中與大學夜間部的階段，都是在有報名就能上榜的野雞學校混學歷，中間甚至還被留級過，出社會還遇到黑心企業，最後竟然靠著學習翻轉人生，考取日商簿記三級的證照，甚至連難度極高的日商簿記二級、日商簿記一級，與稅務士資格都一一入手，更因為親自體驗過自學、函授課程與補習班等不同學習模式，所以能用十五年的學生經驗，與十五年的講師經驗（我當時已經在大原簿紀專門學校擔任講師），向大家分享有效學習的技巧。相信讀者在看見這樣的作者經歷後，可能會覺得，「由這個人來分享『翻轉人生的成功經驗』，應該很有說服力。這本書或許值得一看。」

接著，我在前言與作者序當中寫道：「想逆轉人生，有幾種方法，可以創業、轉換跑道，也可以在公司或職場體制內，成為受人尊敬的專家。但如果想要創業，就必須有專業能力，例如，若想以稅務士、社會保險勞務士身分創業，必須先考取證照；如果想要轉換跑道，或藉由跳槽來提升身價，也必須靠學習，來成為人人都想要的人才。就算想在企業或職場內，成為受人尊敬的專家，也需要透過學習，累積相關領域的專業知識。總而言之，想逆轉人生的唯一路徑，除了學習，別無他法。」藉此讓目標讀者可以直接了解這本書的核心概念。最後在目錄的地方，我特別羅列多項能吸引讀者目光的主題，例如，不從一大早開始也沒關係、允許自己看電視、每天只花三十分鐘學習也沒關係等。

就這樣透過書名，吸引了讀者的注意與興趣，再依序以作者簡介、前言或作者序及目錄等，加強讀者們想買下這本書的情緒。我想，這大概就是這本書之所以能成為暢銷書的主要原因之一。

本篇的重點是想告訴大家，培養閱讀習慣的重要，並且介紹如何在有限時間內，找到適合自己的書，也希望大家都能落實書中所介紹的內容，進而改變工作效率，也改變人生。

POINT

用好書來提升工作效率，進而翻轉人生！

05 如何使用一本書？先想問題，再找答案

有些人買了書看不完，或者看完了沒收穫，究竟是為什麼？

對買了書看不完的人來說，買一本書只要花一千五百日圓左右，所需耗費的成本相當低，以至於大家可能讀沒幾頁，就把書丟在一旁生灰塵；如果今天買一本書要花幾萬塊，大家就會想辦法從書裡面，找出對自己有用的東西來回本，而不會因為一本書沒多少錢，就買回來當作看心安的。

對於看完了卻沒有收穫的人來說，很可能也是基於同一種態度：反正一本書也不貴，隨便翻過一次，就當是已經看完了。不僅對書中內容吸收有限，也從未想過要把這些知識應用在生活中，以至於看再多書，也感覺不到有什麼幫助。

其實，閱讀是最經濟實惠的人生顧問，一本書只要約一千五百日圓就能買到手

（去書店試閱甚至不用花錢），有許多疑問，都能透過閱讀找到答案。但想要讀得有效率、有收穫，則要看我們有沒有做好心理建設。

要有什麼樣的心理建設？我常在時間管理，或高效率領導等主題的座談會及演講的一開始，進行以下三個步驟：

1. 要求參加者們在腦海裡描繪出自己目前面臨的某個問題。
2. 要求參加者們提醒自己，今天就是為了要解決問題，才出席活動。
3. （如果人數允許的話）我會請大家發表各自想要解決的問題。

藉由這三個步驟，幫助參加者們改變心態、做好尋找答案的心理建設，而我自己也能從這些問題中發現，如果今天所準備的演講內容，與參加者的期待不符，就能立刻做一些增補或調整。

接著，我會告訴所有參加者：「大家不用勉強記下今天所有的內容。只要裡面有一、兩點符合你的現況，讓你可以把相關技巧帶回去，實際應用在自己身上，變成長久執行的習慣。那你今天來參加活動，就算是有幫助了。」

如果不這樣提醒，大家會看到什麼、聽到什麼，都想全部記下來，反而沒有連結到自己碰到的情況，那這些技巧與建議，就等於是空話，對參加者一點幫助也沒有。但如果在活動一開始，就讓大家預先思考自己所遭遇到的問題，不論每個人的產業類別、職業階級、問題面向是什麼，大家多少都能在座談會及演講中，找到適合自己情形的解決方法。而不是整場內容都原封不動的筆記下來，最後卻不知道這些內容對自己有什麼幫助，白忙一場。

重點是，不論是一本書、一場座談會或演講，只要能獲得一個啟發，並把它應用在生活與工作中，內化成自己的習慣，那讀這本書或參與這場活動，就算是值得了。

書中論點要能活用，才有價值

換言之，不論是讀書或參加演講或座談會，重點在於有收穫，而不是為了參與而參與。所以，我也跟大家分享我的讀書方法，告訴大家怎麼讀，既快速又有收穫。

通常我大概只用十五分鐘閱讀一本書，但我不是用速讀的方式把書翻完，而是先從目錄開始，區分出哪些內容值得細讀、哪些只要快速翻閱即可。這種有目的性的閱讀方式，就好像觀光旅遊一樣，我們會先開車上路，以最快的速度抵達目的地，再悠閒的體驗目的地的風景，把最寶貴的時間，留給最重要的部分。

用這種方式閱讀商管類的書，多半能在十五分鐘內抓到重點，獲得解答。例如，對團隊溝通感到困擾的人，在閱讀相關書籍時，可以先大致瀏覽，並從中先找到跟團隊溝通有關的內容，詳細閱讀該章節並理解，至於其他部分則可快速翻閱。

大家也可以在書中尋找符合自己背景的內容，例如相同產業、相同職位、職場環境類似等相關情境，詳讀後類推到自己身上，看作者是如何解決類似的問題，再把作者提供的方法，實踐在生活或工作中。

利用這種方法，反覆嘗試與驗證書中的論點，如果有效，就把這個概念內化成自己的工作習慣；如果執行成果不如預期，可以重讀一次，或檢視問題發生點，改良成適合自己且可行的方案。換句話說，就是用書籍來進行PDCA循環。

每年有兩百五十天的通勤時間，如果一天讀一本書，一年就能嘗試兩百五十本書中的兩百五十種方法，如果其中有一〇%能發揮作用，並內化成工作習慣，每年就能幫自己增加二十五個提升工作效率的方法。

POINT

依照自己的情境，將書中論點落實在生活中，內化書中知識，才是閱讀的價值所在。

06

突然多出十五分鐘空檔，就去咖啡店吧

無論是讀書或工作，如果長時間待在相同的環境中，因為缺乏新刺激，我們的感官與專注力，就會變得越來越遲鈍。為了不讓專注力與感官敏銳度變得疲乏，偶爾出門改變一下環境，也能憑藉新鮮感，提升專注力。

許多像是ＩＴ（資訊）產業等需要大量創意的行業，正因為知道改變工作場所，能激發員工的專注力與創造力，所以辦公空間多半採用開放式設計、不設置固定座位，讓員工可以依照當天的心情，自由選擇工作位置。如果把類似的概念，應用在個人身上，找一家咖啡館來作為工作的新環境，就是很不錯的選擇。

日本教育與溝通大師齋藤孝在他某一本著作中，就曾表達過這樣的概念，那本書的書名叫做《如果有十五分鐘的話，就去咖啡館吧》，書中要大家去咖啡館的原因，並不是要大家去喝咖啡、聊是非，而是想告訴大家，就算只有短短十五分鐘，也能在咖啡館裡完成許多事。

我完全認同齋藤孝提出的這個概念。所以如果我的行程，忽然多出十五分鐘的空檔，我就會毫不猶豫的找一家咖啡館，坐下來開始工作。因為我知道在不同工作環境中，有利於提升做事效率，而且就算是零碎的十五分鐘，也能用來完成許多工作，不應該輕易浪費。

在齋藤孝《如果有十五分鐘的話，就去咖啡館吧》一書裡，就舉了許多十五分鐘內可以完成的事，例如，沉思、構想新的創意、整理人生、管理工作、釐清某件事的問題點、繼續完成手邊的公務、調整自己的心理狀態、記錄工作感想、蒐集閒聊的話題、完成細碎瑣事、進行深入對話、學習外語或增進專業知識、閱讀、進行兩人會議、複習或預習自己的工作業務、客觀審視自己、挖掘能引起別人興趣的資訊、提供諮詢討論、準備專業領域的證照考試等，雖然只有短短十五分鐘，但可以處理的工作項目非常多，至於要如何運用，全看個人。

不過我有幾點建議：第一，進咖啡館之前，先決定好這段時間要做什麼；第二，記得關掉手機，才能避免滑手機；還有一點，就是不要花太多時間在思考要點什麼，我規定自己每次都點冰牛奶，萬一沒有冰牛奶，就改點冰咖啡，點餐只要一秒。

有時間限制，做事速度更快

前面曾經介紹過，利用上班前的時間安排工作或學習，整體效率會因為要準備出門上班的時間限制而提升不少。而利用行程空檔到咖啡館處理工作，也是一樣的道理，因為十五分鐘之後，要去下一個行程，所以在這十五分鐘內，被完成期限所激發的效率，就能發揮到極致，這就是去咖啡館處理工作的另一個好處。

況且，都已經花點餐成本了，這短短十五分鐘當然要最有效的利用，才能算是回本。當我們想要更有效率的利用這段時間，誰還有心情去煩惱該喝什麼，也不會有想去翻閱店內提供的雜誌。

綜合以上所說，充分利用零碎時間，是高效工作者們會具備的良好習慣之一。因為時間是最寶貴的資產，相較之下，付一點小錢去咖啡館，根本就不是什麼大問題。

要知道，「Time is Money!」（時間就是金錢）。

不，應該說，對做事講求效率的工作者而言，時間比金錢更珍貴！

如果大家都能妥善利用零碎時間，無論是在街角的圖書館，或是在電車、飛機上，甚至在拜訪客戶的空檔、等候電車或等待紅綠燈的短暫時間內，我們都能有效利用，拿來完成某些工作。

像我的一位好朋友，叫西澤泰生，他不僅是一位暢銷書作家，也是我很信任的諮詢對象。他以前還是個上班族時，就曾一邊上班，一邊寫作，在商管類書籍的年產量高達五本。據說，他為了遵守交稿時間，會利用等待電車的空檔，直接坐在月臺上打開電腦寫稿子。所以只要有心，無論身處何處，無論時間有多零碎，都能好好利用。

當然，我們可以不用那麼極端。偶爾在假日，坐在充滿綠意的公園的長椅上，用孩子們的嬉鬧聲當成背景音樂，一樣可以神清氣爽的、在新鮮的工作環境裡處理創意工作，效率一樣也會很不錯。

既然都花時間工作了，為什麼不提升自己的專注力，最大幅度的提高時間的使用密度？

如果想提升做事速度，可以改變環境，藉由不同環境的新鮮感與刺激，為一成不變的空間注入新活力，如此便能提升專注力。

POINT

藉由改變環境提升工作效率，並且不要浪費零碎的時間。

07 速成心法：與馬上交出成果的人當好朋友

在許多以自我成長為主題的講座、研討會，以及許多商業管理類的出版著作裡，經常會提到跳蚤與玻璃杯的實驗。

這個實驗簡單來說，就是把一隻跳蚤，放進一個玻璃杯裡，並且拿蓋子把玻璃杯蓋起來。

原本跳蚤的彈跳高度，可以達到自己身長的一百倍到一百五十倍，但是因為受限於杯蓋，跳蚤無論再怎麼用力，都無法超出玻璃杯的高度。

剛開始，跳蚤還會想辦法奮力跳高，但因為老是撞到杯蓋，久而久之，跳蚤就會以為杯蓋的高度，就是自己的極限，再也不願意嘗試跳得更高。

此時，就算我們把杯蓋移開，跳蚤也只能跳到原本杯子的範圍，再也無法像以前一樣，跳出超過自己身長一百倍到一百五十倍的距離。

這實驗告訴我們：「如果我們認為目前就是自己的極限，因而放棄繼續挑戰，這個極限就會變成一種限制，而我們將終其一生都無法超越。因此，我們永遠都應該要挑戰自我，為自己創造新的高度。」

也許很多人都已經知道這個有名的實驗，以及它所告訴我們的結論。但大家知道這個實驗還有後續嗎？

據說這個實驗的後續是：「如何讓這隻已經放棄跳得更高的跳蚤，恢復之前的彈跳能力？」答案是：「在原本的玻璃杯裡，放進一隻新的跳蚤」。

當原本自我限制的跳蚤，看到這隻新夥伴能跳得這麼高，會心想：「咦？竟然可以跳得這麼高，那我也做得到嗎？」進而喚醒自己原本的能力，再次恢復成可以跳過超越杯子高度的跳蚤。

雖然我不確定這個後續實驗，是真實實驗經過，亦或只是個故事。但我相當認同這個說法，因為我也認為，擁有志向高遠的朋友，能帶領自己前往更好的地方。

降低工作效率，也有速成法

如果想要快速降低工作效率，要怎麼做？就是與低效率工作者一起共事。

拿我親身的慘痛經驗來說。當時我為了考取稅務士資格，報名了某家補習班。一開始往來的同學朋友，都是在吸菸室裡認識的，也不是說抽菸這件事情會影響考試，而是我們這群在吸菸室裡認識的人，總是尋找各種藉口、利用抽菸的名義，在吸菸室裡聊天打屁，連自修時間都無心學習，根本就沒把心思放在讀書、考試上。

不僅在補習班的時候如此，每逢每月一次的模擬考期間，我們這群人就會提議：「為了激勵大家，在考試前先去喝一杯吧！」等模擬考結束後，又會說：「為了慶祝考完，我們再去喝一杯吧！」就這麼假借各種名目，相約在居酒屋裡吃喝玩樂。

漸漸的我發覺，「如果一直跟這群人鬼混，可能會永遠都考不上」，於是我下定決心更改上課班級，加入另一個積極讀書的團體，並盡可能與其他人一起行動，疏遠原本在吸菸室裡認識的那群人。

在新的團體中，每到模擬考前，大家會聚在自修室裡拚命用功，等模擬考結束後，大家也會一起訂正答案，並針對不懂的問題相互討論，直到真正搞懂之後，偶爾才會去喝一杯慰勞自己。

每當公布模擬考成績後，這兩個團體的反應，更是天壤之別。

當時在補習班裡的模擬考平均分數是六十分，在積極用功的團體中，會聽到大家說：「雖然我考了八十五分，但A同學竟然考了九十分，我得再更努力一點。」但在另外一群無心讀書的團體中，他們則會說：「我只考了三十分。什麼！B同學考了六十分，太厲害了吧！」這兩個團體對於讀書的積極程度，高下立判。

最後，我就在積極用功的朋友們的陪伴下，順利跟著他們一起考到稅務士資格；直到十年後，這群一起通過考試的朋友，仍在各個領域中大放異彩。而當初另外一群無心用功的團體，聽說不僅沒有人通過考試，最後還都放棄，改從事其他工作。如今想來，如果我當初沒有下定決心做出改變，應該也會跟他們走上相同的道路。

總歸一句，如果想要降低工作效率，只要與低效率工作者一起共事，就會受到影響。因此，**提高做事效率的究極心法**就是，**多與高效工作者共事**。

要擁有做事效率高的同伴

有時，我手邊會有許多本書的稿子，同時面臨截稿期限，在最慘的情況下，甚至還發生過四天之內，要擠出八萬字內容的嚴苛挑戰。八萬字是什麼概念？換算成標準稿紙，約要寫足兩百張，幾乎等同一本商業管理類書籍的總篇幅。

如果是以前的我，遇到這種狀況一定會覺得，「怎麼可能四天寫完兩百張稿紙」，但當我把眼光望向身邊的強者朋友時，就會發現他們幾乎都辦得到。其中有每天產出大量報導的記者、有出版超過兩百本書的老師，還有每個月推出一本新作品的作者與寫手。有他們當例子，我似乎也找不到無法完成的理由。

於是，就在這些朋友們的鼓勵下，最後我也順利在四天之內，寫完八萬字的文稿。回想起來，當時能完成這項不可能的任務，並不是因為忽然之間文思泉湧，也不是因為文豪上身，而是受到身邊強者朋友們的影響，因為有他們在，讓自己也擁有自信、變得更好。

正所謂「有為者亦若是」，常跟做事速度快的人一起相處，一起挑戰高難度的任務，久而久之，自己也能晉身到他們的行列。類似情況也經常發生在體育界。據說，每當有運動員打破某個長年沒被打破的紀錄，之後就會接二連三的出現打破該紀錄的運動員。

期盼本書中所介紹的各種方法，能幫助大家提升工作效率。尤其在閱讀本書後，務必親自嘗試書中的方法，哪怕合用的只有一項或兩項都無妨，只要能對你的工作效率有所助力，就有機會讓人生過得更加豐富充實。

POINT

想提升自己的能力，就要與能力更強的人來往。

後記
你能完成的事，比你以為的多很多

在此，先感謝大家一路讀到最後。

總結這本書想說的：想成為高效工作者，首先要揪出浪費時間，與缺乏效率的壞習慣，並加以改正。其次，要判斷這份工作真的只有自己能做嗎？可不可以交付給別人？或是可以買別人的時間來完成？又或者，有沒有可能借重特定領域的專家，或借用主管的權限來處理？有沒有前人的案例可供參考？有沒有別人的智慧可以幫忙發想、豐富整體？

接下來，則要嚴格設定完成期限，激發自己的行動力，並將難度較高的工作，切分成幾個較容易完成的小任務。學會運用五秒法則，逼自己面對討厭的工作；時時刻刻的從做中學、邊做邊修正。相信只要掌握這些技巧，懂得把有限的心力，放在重要的工作項目，就能大幅提升效率。

畢竟，我們每個人的一天都只有二十四小時，沒有多餘的時間浪費在不必要的事情上。

常有人說，小時候跟長大後，對時間的感受好像會不一樣。小時候總覺得時間很多，就算整天做無聊事，時間也好像花都花不完；等長大以後，卻感覺時間越變越少，怎麼樣都不夠用。一般認為，會有這樣的差異，是因為在孩子們的眼中，每一樣事物都很新鮮，時刻都能發現許多自己原先不知道的事，所以每一秒都有不同的體驗，時間感就被拉得很長；但是大人們幾乎每天都重複著相同的生活與工作，以至於每天都一成不變、沒有新發現，於是時間感就被壓縮，好像一眨眼就過了一個月、過了一年。

就像一名小學五年級的學生，經過五年，他變成高一新生，這五年間，他從小學升上國中，再升到高中，每天接觸的新事物與往來的朋友都有所不同，甚至連自己的聲音與外型，都有大幅度的改變，所以這五年之間好像發生了很多事。但如果是一名三十二歲的成年人，經過五年之後，也不過就只是變成三十七歲而已，生活與工作現況可能差異不大，甚至連身高也沒什麼變化，唯一有改變的，頂多就是體重吧。同樣是五年，這兩者之間的時間密度，可說是完全不同，從中也能清楚發現大人與小孩的差異。

正因如此，我們才應該像個孩子一樣，不斷嘗試新事物，並從中獲得新發現、挖掘出新樂趣，以盡量充實我們的時間，而這也是我身兼五職的理由，因為我想要在有限的時間內，盡情體驗人生。我成為上班族；我以稅務士的身分提供別人諮詢；我在大學當講師，講授商業知識；我成為作者、成為講師，將所知所學分享給大家。我想讓自己的人生，擁有五倍充實度，所以我不斷挑戰各種新事物。

也因此，我深知有限的心力，應該放在哪些重要工作上，也知道提升效率的祕訣，並且能決定只做哪些必要的事，藉此擁抱豐富生活。所以我衷心期盼，大家在閱讀本書後，也能努力找出那些偷走自己時間的陷阱，並且像我一樣，把這些多出來的時間，用來充實自己的人生。

最後，在本書出版的過程中，我受到了許多人的幫助與鼓勵，所以在此想借用一點版面，來表達我的感謝。

首先是PHP研究所的宮脇崇廣。衷心感謝宮脇先生的信任，他相信我能完成「高效工作者」這個主題，並主動向我邀稿，才有了這本書；接著是我的好友西澤泰生。非常感謝西澤幫忙審定文稿、蒐集資訊、提供想法，並協助補充及修改內容，多虧他的幫助，我才能專心撰寫這本書；再來是住在鄉間的老媽，一路以來，老媽都很關心我的健康、給予我極大的支持，時而默默守護，時而大聲鼓勵，而且無論發生什麼事，她都選擇站在我這邊。

最後要感謝我的妻子真理，以及我的兒子天聖、女兒凜。因為你們總是開心的笑鬧著，只要看著你們的笑臉，就能一掃寫作的疲累，感謝我們能一起愉快的生活。

當然，還是要再次感謝拿起本書的你。如果能讓你覺得，「遇到這本書真是太好了」，就是我莫大的榮幸！

國家圖書館出版品預行編目(CIP)資料

先做這件事，馬上交出成果：別再誤信時間管理的輕重緩急矩陣，只用一個數字，不再苦思這事重不重要、緊不緊急，都能馬上搞定。／石川和男著；方嘉鈴譯. -- 初版. -- 臺北市：大是文化有限公司，2022.12

224 面；14.8×21 公分. --（Biz；408）

ISBN 978-626-7192-38-2（平裝）

1.CST：職場成功法　2.CST：工作效率

494.35　　111015021

Biz 408

先做這件事，馬上交出成果

別再誤信時間管理的輕重緩急矩陣，只用一個數字，不再苦思這事重不重要、緊不緊急，都能馬上搞定。

作　　者／石川和男
譯　　者／方嘉鈴
責任編輯／林盈廷
校對編輯／蕭麗娟
美術編輯／林彥君
副 主 編／馬祥芬
副總編輯／顏惠君
總 編 輯／吳依瑋
發 行 人／徐仲秋
會計助理／李秀娟
會　　計／許鳳雪
版權主任／劉宗德
版權經理／郝麗珍
行銷企劃／徐千晴
行銷業務／李秀蕙
業務專員／馬絮盈、留婉茹
業務經理／林裕安
總 經 理／陳絜吾

出 版 者／大是文化有限公司
臺北市 100 衡陽路 7 號 8 樓
編輯部電話：（02）23757911
購書相關資訊請洽：（02）23757911 分機122
24小時讀者服務傳真：（02）23756999
讀者服務E-mail：dscsms28@gmail.com
郵政劃撥帳號：19983366　戶名：大是文化有限公司

法律顧問／永然聯合法律事務所
香港發行／豐達出版發行有限公司 Rich Publishing & Distribution Ltd
地址：香港柴灣永泰道 70 號柴灣工業城第 2 期 1805 室
Unit 1805, Ph. 2, Chai Wan Ind City, 70 Wing Tai Rd, Chai Wan, Hong Kong
電話：21726513　傳真：21724355
E-mail：cary@subseasy.com.hk

封面設計／陳皜
內頁排版／顏麟驊
印　　刷／緯峰印刷股份有限公司

出版日期／2022 年 12 月初版
定　　價／新臺幣 360 元（缺頁或裝訂錯誤的書，請寄回更換）
I S B N／978-626-7192-38-2
電子書ISBN／9786267192399（PDF）
9786267192405（EPUB）